煤炭行业特有工种职业技能鉴定培训教材

安全检查工

（中级、高级）

河南煤炭行业职业技能鉴定中心　组织编写

主　编　王春光

中国矿业大学出版社

内 容 提 要

　　本书分别介绍了中级、高级安全检查工的基础知识、职业技能鉴定的知识要求和技能要求。主要包括安全检查工常用仪器仪表，煤矿生产系统的安全检查，煤矿井下作业常见安全隐患及现场处置，以及井下安全避险"六大系统"安全检查等内容。

　　本书适用于安全检查工职业技能鉴定培训和自学，也可作为技术学校相关专业师生的参考用书。

图书在版编目（CIP）数据

　　安全检查工：中级、高级 / 王春光主编．—徐州：

中国矿业大学出版社，2014.5

　　ISBN 978-7-5646-2321-0

　　Ⅰ．①安… Ⅱ．①王… Ⅲ．①煤矿－矿山安全－安全检查－职业技能－鉴定－教材 Ⅳ．①TD7

　　中国版本图书馆 CIP 数据核字(2014)第 086320 号

书　　名	安全检查工（中级、高级）
主　　编	王春光
责任编辑	陈　慧
出版发行	中国矿业大学出版社有限责任公司
	（江苏省徐州市解放南路　邮编 221008）
营销热线	（0516）83885307　83884995
出版服务	（0516）83885767　83884920
网　　址	http://www.cumtp.com　E-mail：cumtpvip@cumtp.com
印　　刷	北京市兆成印刷有限责任公司
开　　本	850×1168　1/32　印张 8.75　字数 226 千字
版次印次	2014 年 5 月第 1 版　2014 年 5 月第 1 次印刷
定　　价	28.00 元

　　（图书出现印装质量问题，本社负责调换）

前　言

　　为了进一步提高煤炭行业职工队伍素质,实现煤炭行业职业技能鉴定工作的标准化、规范化,促进其健康发展,根据国家的有关规定和要求,河南煤炭行业职业技能鉴定中心组织有关专家、工程技术人员和职业培训教学管理人员编写了这套《煤炭行业特有工种职业技能鉴定培训教材》,本书是其中之一。

　　本教材按照中级、高级两个等级编写,每个等级按照知识要求和技能要求组织内容,具体包括:安全检查工应掌握的基本知识、煤矿安全检查常用仪器仪表、煤矿生产系统的安全检查、井下作业常见安全隐患及现场处置、矿井灾害的处理、煤矿井下安全避险"六大系统"安全检查等。在编写方式上有别于以往的问答式教材,保证了知识的系统性和连贯性,着眼于技能操作,力求浓缩精炼,突出针对性、典型性和实用性。

　　本教材由王春光任主编,申连卫任副主编。具体编写分工为:第一章由况玲艳编写,第二章、第十章由申连卫编写,第三章由王春光编写,第四章、第五章、第六章、第八章由陈胜军编写,第七章由李俊敏编写,第九章由卜婉玉编写,第十一章由陈彦飞编写。张志春、王大庆、甘信锋、芦绍超、郑建英参与了本教材审稿。

　　由于时间仓促,编者知识所限,难免会有不足,敬请各位读者专家提出宝贵意见。

编　者

2013 年 10 月

目　录

第三部分　高级工专业知识和技能要求

第一部分　安全检查工
基础知识

第一章　煤矿安全法律法规

第一节　煤矿安全生产方针和法律法规

一、煤矿安全生产方针

（一）煤矿安全生产方针的内容

我国煤矿安全生产方针是："安全第一、预防为主、综合治理"。

（二）煤矿安全生产方针的含义

"安全第一、预防为主、综合治理"的煤矿安全生产方针，是煤炭行业安全生产所必须遵循的基本指导思想。

1."安全第一"的含义

"安全第一"体现了人们对安全生产的一种认识论，有两个方面的含义：第一，体现了"以人为本"的思想，把珍视人的生命和健康当做第一大事来抓。第二，讲了安全与生产之间的辩证关系。一方面，安全与生产之间是相互影响、相互联系的，生产是安全的条件和基础，安全是生产的前提和保证，二者不可分割；另一方面，当在一定条件下二者发生了矛盾和冲突的时候，要确立"安全第一位、生产第二位"的思想，舍弃生产方面的要求，保证安全的需要，即安全高于生产、大于生产、重于生产。

2."预防为主"的含义

"预防为主"是人们在安全生产活动中的方法论，是实现安全第一的基本途径，即预防是保证实现安全第一的主要手段，当然不是唯一的手段,但却是最根本的手段。奖励和惩罚、事后责任追究也是保证实现安全第一的重要手段,但这些手段治标不治本,预防才是治本之策。预防为主主要体现为"六个先",即安全意识在先、安全投入在先、安全责任在先、建章立制在先、隐患预防在先、监督执法在先。

　　3."综合治理"的含义

　　"综合治理"体现了预防为主的要求,是实现安全第一的基本方法,即要实现安全第一的目标,就需要所有从业人员、所有部门都参与到安全生产管理实践当中来,要综合采用安全管理、科技装备、思想教育等多种方式和方法,对安全生产的所有环节加强管理和控制。

　　(三)煤矿安全生产方针的贯彻落实

　　贯彻落实煤矿安全生产方针对从业人员的要求:

　　(1)认识坚持"管理、装备、培训"三并重原则的重要性。

　　(2)贯彻落实好岗位人员安全生产责任制。

　　(3)严格遵守煤矿安全生产法律法规和操作规程,服从管理,杜绝违章作业。

　　(4)坚持正确佩戴和使用劳动防护用品。

　　(5)强化安全责任意识,树立良好的职业道德。

二、相关法律法规

　　(一)《中华人民共和国安全生产法》(以下简称《安全生产法》)

　　1.生产经营单位的安全生产保障

　　(1)生产经营单位应当对从业人员进行安全生产教育和培训,保证从业人员具备必要的安全生产知识,熟悉有关的安全生产规章制度和安全操作规程,掌握本岗位的安全操作技能。未经安全生产教育和培训合格的从业人员,不得上岗作业。

　　生产经营单位的特种作业人员必须按照国家有关规定经专门的安全作业培训,取得特种作业操作资格证书,方可上岗作业。

（2）生产经营单位新建、改建、扩建工程项目（以下统称建设项目）的安全设施，必须与主体工程同时设计、同时施工、同时投入生产和使用。

（3）应当为从业人员发放劳动防护用品、依法参加工伤社会保险：一要为从业人员及时发放合格的劳动防护用品，并监督、教育从业人员按照规则使用；二要依法参加工伤社会保险，为从业人员缴纳保险费。

2. 从业人员的权利和义务

（1）从业人员的权利

① 要求在劳动合同中载明相关事项的权利。生产经营单位与从业人员订立的劳动合同，应当载明有关保障从业人员劳动安全、防止职业危害的事项以及依法为从业人员办理工伤社会保险的事项。

生产经营单位不得以任何形式与从业人员订立协议，免除或者减轻其对从业人员因生产安全事故伤亡依法应承担的责任。

② 危险因素和应急措施的知情权、建议权。从业人员有权了解其作业场所和工作岗位存在的危险因素、防范措施及事故应急措施，有权对本单位的安全生产工作提出建议。

③ 安全管理的批评、检举、控告权，拒绝违章指挥和强令冒险作业权。从业人员有权对本单位安全生产工作中存在的问题提出批评、检举、控告，有权拒绝违章指挥和强令冒险作业。

生产经营单位不得因从业人员对本单位安全生产工作提出批评、检举、控告或者拒绝违章指挥、强令冒险作业而降低其工资、福利等待遇或者解除与其订立的劳动合同。

④ 紧急情况下的停止作业权和撤离权。从业人员发现直接危及人身安全的紧急情况时，有权停止作业或者在采取可能的应急措施后撤离作业场所。

生产经营单位不得因从业人员在前款紧急情况下停止作业

或者采取紧急撤离措施而降低其工资、福利等待遇或者解除与其订立的劳动合同。

⑤ 工伤保险和伤亡赔偿权。因生产安全事故受到损害的从业人员，除依法享有工伤社会保险外，依照有关民事法律尚有获得赔偿权利的，有权向本单位提出赔偿要求。

（2）从业人员的义务

① 遵章守纪、服从管理的义务。从业人员在作业过程中，应当严格遵守本单位的安全生产规章制度和操作规程，服从管理，正确佩戴和使用劳动防护用品。

② 接受教育和培训的义务。从业人员应当接受安全生产教育和培训，掌握本职工作所需的安全生产知识，提高安全生产技能，增强事故预防和应急处理能力。

③ 发现事故隐患及时报告的义务。从业人员发现事故隐患或者其他不安全因素，应当立即向现场安全生产管理人员或者本单位负责人报告；接到报告的人员应当及时予以处理。

（二）《中华人民共和国矿山安全法》（以下简称《矿山安全法》）

矿山企业必须对职工进行安全教育、培训；未经安全教育、培训的，不得上岗作业。矿山企业安全生产的特种作业人员必须接受专门培训，经考核合格取得操作资格证书的，方可上岗作业。

矿山企业必须向职工发放保障安全生产所需的劳动防护用品。

（三）《中华人民共和国煤炭法》（以下简称《煤炭法》）

1. 重视安全教育与培训

煤矿企业应当对职工进行安全生产教育、培训；未经安全生产教育、培训的，不得上岗作业。煤矿企业职工必须遵守有关安全生产的法律、法规，煤炭行业规章、规程和企业规章制度。

2. 职工的劳动保护

煤矿企业必须为职工提供保障安全生产所需的劳动保护用

品。煤矿企业应当依法为职工参加工伤保险缴纳工伤保险费。鼓励企业为井下作业职工办理意外伤害保险,支付保险费。

3. 重大责任事故罪

《刑法》第一百三十四条规定,工厂、矿山、林场、建筑企业或者其他企业、事业单位的职工,由于不服管理、违反规章制度,或者强令工人违章冒险作业,因而发生重大伤亡事故,造成严重后果的,处三年以下有期徒刑或者拘役;情节特别恶劣的,处三年以上七年以下有期徒刑。

(四)《国务院关于预防煤矿生产安全事故的特别规定》

煤矿企业在预防生产安全事故方面应当采取如下措施。

1. 对从业人员进行教育和培训

(1)教育和培训要求。煤矿企业应当依照国家有关规定对井下作业人员进行安全生产教育和培训,并建立培训档案。未进行安全生产教育和培训或者经教育和培训不合格的人员不得下井作业。

(2)不符合要求的处罚措施。县级以上地方人民政府负责煤矿安全生产监督管理的部门发现煤矿企业未依照国家有关规定对井下作业人员进行安全生产教育和培训或者特种作业人员无证上岗的,应当责令限期改正,处 10 万元以上 50 万元以下的罚款;逾期未改正的,责令停产整顿。1 个月内 3 次或者 3 次以上发现煤矿企业未依照国家有关规定对井下作业人员进行安全生产教育和培训或者特种作业人员无证上岗的,应当提请有关地方人民政府对该煤矿予以关闭。

2. 免费为每位职工发放煤矿职工安全手册

煤矿企业没有为每位职工发放符合要求的职工安全手册的,由县级以上地方人民政府负责煤矿安全生产监督管理的部门或者煤矿安全监察机构责令限期改正;逾期未改正的,处 5 万元以下的罚款。

（五）《生产安全事故报告和调查处理条例》

事故发生后，事故现场有关人员应当立即向本单位负责人报告，情况紧急时，事故现场有关人员可以直接向事故发生地县级以上人民政府安全生产监督管理部门和负有安全生产监督管理职责的有关部门报告。

事故发生单位应当认真吸取事故教训，做到"四不放过"，即事故原因没有查清不放过；事故责任者没有严肃处理不放过；广大职工没有受到教育不放过；防范措施没有落实不放过，防止事故再次发生。煤矿职工要牢记事故教训，强化责任意识和安全意识，提高事故防范能力，避免安全事故的发生。

（六）《煤矿安全规程》

1.《煤矿安全规程》的性质

《煤矿安全规程》是我国安全生产法律体系中的一个重要行政法规，是煤矿安全管理领域最全面、最具体、最具权威性的技术规章，是《安全生产法》、《矿山安全法》、《煤炭法》等国家安全生产法律的具体化，是保障煤矿安全生产和职工人身安全、防止事故发生所必须遵循的安全准则，是煤矿安全监察机关和各级地方人民政府行业主管部门开展煤矿安全监察和行政执法的重要依据。

《煤矿安全规程》明确规定煤矿生产建设过程中哪些行为被禁止，哪些行为被允许，指明了行为标准尺度。它是认定职工行为是否构成违章的重要标准，是认定煤矿事故性质的重要依据，也是判断行为人是否需要承担责任的重要依据。

2.《煤矿安全规程》与作业规程、操作规程的关系

《煤矿安全规程》是煤矿安全管理领域最全面、最具体、最具权威性的技术规章，是有关法律、法规在煤炭行业的具体化，制定作业规程、操作规程都要以《煤矿安全规程》为依据。《煤矿安全规程》是由国家安全生产监督管理总局、国家煤矿安全监察局制定的；而作业规程是指导施工的重要技术文件，操作规程是煤矿

生产各岗位工人具体操作行为标准的指导性文件,二者是由行业主管部门或煤矿企事业单位制定的。

(七)《煤矿矿长保护矿工生命安全七条规定》(国家安全生产监督管理总局令第 58 号)

(1)必须证照齐全,严禁无证照或者证照失效非法生产。

(2)必须在批准区域正规开采,严禁超层越界或者巷道式采煤、空顶作业。

(3)必须确保通风系统可靠,严禁无风、微风、循环风冒险作业。

(4)必须做到瓦斯抽采达标,防突措施到位,监控系统有效,瓦斯超限立即撤人,严禁违规作业。

(5)必须落实井下探放水规定,严禁开采防隔水煤柱。

(6)必须保证井下机电和所有提升设备完好,严禁非阻燃、非防爆设备违规入井。

(7)必须坚持矿领导下井带班,确保员工培训合格、持证上岗,严禁违章指挥。

三、安全检查工的权利、义务及职业道德规范

1. 权利

(1)安全检查工凭安全检查证,在所管辖范围内有权进入任何作业场所进行安全检查,有权检查所辖单位的安全情况和部门的业务保安情况。单位部门领导和职工不得以任何借口阻挠和妨碍安全监察。

(2)安全检查工发现不安全问题和隐患,有权要求有关部门和单位采取措施限期解决整改。无故不处理整改的,安全检查工有权停止作业并按规定给予责任者处罚或帮教。发现有造成事故的紧急危险情况时,安全检查工有权命令其停止作业,撤出人员。

(3)安全检查工有权制止违章指挥、违章作业和违反劳动纪律行为,有权直接对“三违者”开罚款单或交安全部门对其帮教。

　　(4) 安全检查工有权对所辖单位的晋级、评先进、奖励进行审查,对严重"三违"和事故责任者有权提出否决意见。

　　(5) 煤矿各级领导拒不接受安全检查工的正确意见,坚持违章指挥冒险生产,或因工作打击报复安全检查工,安全检查工有权越级上告。

　　安全检查工在以下三种情况下有权越级上告:

　　① 企业、单位领导不接受正确意见,坚持违章冒险生产的;

　　② 企业单位领导因职工行使安全权利拒绝违章指挥对其打击报复的;

　　③ 领导干部因安全检查工对本单位及个人提出安全意见而进行打击报复的,可根据情节轻重提请行政或司法部门处理。

　　2. 义务

　　(1) 对被检查单位贯彻执行党和国家安全生产方针、政策、法令、法规、规程、条例、指令以及上级安全决议措施情况进行检查。

　　(2) 参加审查工程设计、作业规程、安全措施并监督实施。参加新建和改扩建工程、新盘区、新采掘面的投产验收。

　　(3) 参与制定并监督检查安全生产责任制度、业务保安责任制度、安全管理制度、岗位作业标准等的贯彻执行。

　　(4) 监督检查安全设备、实施、装置和仪器的使用。

　　(5) 监督检查工程质量、设备质量、操作质量及与安全有关的产品质量。参与工程设备质量的等级审定和安全质量评估活动。

　　(6) 参与组织安全大检查,经常检查现场事故的隐患,督促有关单位隐患"三定"处理,限期整改,并跟踪复查整改情况。

　　(7) 在所有检查活动中随时随地检查规章制度的执行情况,发现并及时制止违章作业、违章指挥和违反劳动纪律的"三违"现象。对重大"三违"行为要汇报安全管理部门给予处罚和帮教。

　　(8) 监督检查安全经费、安全奖惩、安全结构工资等的使用执行情况及安技措工程的进度和效益。

（9）调查安全情况，监督组织安全活动，总结安全工作。

（10）发生事故要立即组织参与抢救并尽快向上级汇报，要保护好现场，做好事故现场勘察记录并按规定参加事故调查、统计、分析和上报。对事故防范措施的执行情况进行监督检查。

（11）协同有关部门对职工进行安全培训、安全教育和安全规程措施的学习考试，并对这些活动和持证上岗情况进行监督检查。

（12）监督检查灾害预防处理计划、重大事故防范措施的编制、演习和执行；对矿山救护和工伤抢救工作进行监督检查。

（13）指导支持群众开展安全监察活动。

（14）按照安全系统工程和安全信息工作的要求，及时准确地收集、汇报和传递安全信息。

（15）参加安全生产有关会议，审查与安全工作有关的文件、记录、资料、报告和图纸等。

3. 职业道德规范

随着安全工作的加强，各煤矿企业不断强化了安全约束和激励机制。安全状况和安全检查的结果已经影响到对煤矿各单位管理经营状况的综合评价，最直接的影响一般都体现在对工程质量等级的评定、工资奖金收入和各类荣誉，甚至影响干部的晋升和选拔任用。因此就可能出现对安全检查结果的求情，甚至对安全人员的贿赂，职工群众也怕安全检查工乱罚乱扣。这就对安全检查工的职业道德提出了更高的要求：要坚持原则、严格检查、不徇私情、滥用职权，要模范遵守职业道德规范和工作纪律。企业要不断加强对安全检查工的思想教育，培训和发现好的典型，表扬忠于职守、廉洁奉公的好人好事，对违反道德规范和工作纪律者及时给予批评教育，经批评教育不改的应该调离，情节恶劣造成严重后果的给予党纪政纪处分，触犯刑律的送交司法部门依法处理。安全检查工的职业道德规范应该包括如下几个方面：

（1）遵守劳动和工作纪律，坚持原则，尽职尽责，努力做好本职工作。

（2）坚持照章办事以理服人。所查隐患和违章行为都要符合规程制度、质量标准和有关安全文件的规定，并且耐心地与被查单位和有关人员沟通和讲清，使检查活动和检查意见既能避免事故发生，也能宣传安全方针政策和规章制度。

（3）所有检查意见都要做好文字记录，把隐患地点、内容整改处理措施、整改处理期限、整改处理负责人或"三违"内容、"三违"人姓名等记录清楚，并要求被查单位现场负责人或"三违"人签字认定。对被查"三违"者不提供姓名、拒不签字，应要求现场负责人指认代签，如现场无他人作证代签时，可查验"三违"者上岗证或矿灯、自救器号码，以备出井核查。

（4）遇有紧急情况和重大隐患，要果断采取相应措施，立即停止作业和撤出人员。安全检查工应勇于负责，不可优柔寡断或推诿逃避。遇有停工撤人受阻情况，要紧急汇报并采取应急措施，尽最大努力避免事故发生。

（5）安全检查工应尊重被查单位和人员，以礼待人，和气平等，文明检查，不准训斥谩骂、恶语伤人。当被查对象情绪失控时，应冷静对待，有礼有节，避免矛盾激化。

（6）不准接受被查单位和个人的任何馈赠，不准参加被查对象的宴请和消费性娱乐等活动。

（7）不准要求被查对象为自己和亲友办理私事等，更不准借机索要钱物或报销单据等。

第二节　职业病防治

一、煤矿职业危害因素

煤矿主要职业危害因素有生产性粉尘、有害气体、生产性噪声和振动、不良气候条件和放射性物质等。

1. 生产性粉尘

煤矿生产中，采煤、掘进、支护、提升运输、巷道维修等生产环节均产尘，可引起矿工尘肺病。

2. 有害气体

由于井下爆破、煤氧化、煤中放出等，在矿井空气中存在甲烷（CH_4）、一氧化碳（CO）、二氧化碳（CO_2）、二氧化氮（NO_2）、硫化氢（H_2S）、二氧化硫（SO_2）、氨气（NH_3）等气体，这些有害气体能引起人员中毒受伤或死亡。

3. 生产性噪声和振动

煤矿噪声主要来源于井下机械化生产。如风钻和局部通风机，其噪声和振动特别大，使人听力下降甚至耳聋等。

4. 不良气候条件

煤矿井下存在气温高、湿度大，不同地点风速大小不等和温差大等不良气候条件。如长期在潮湿环境下工作的人易患风湿关节炎等。

5. 放射性物质

井下的氡气及其子体浓度往往比地面高，对矿工健康有一定的影响。

此外，劳动强度大、作业姿势不良也是煤矿井下作业的特点，易造成矿工腰腿疼和各种外伤等。

二、职业病

职业病是指企业、事业单位和个体经济组织（以下统称用人单位）的劳动者在职业活动中，因接触粉尘、放射性物质和其他有毒、有害物质等因素而引起的疾病。但在法律上讲，职业病是指职工因受职业危害的影响引起的，由国家指定的医疗机构确诊的疾病。《中华人民共和国职业病防治法》（以下简称《职业病防治法》）对职业病的诊断、报告等作了明确规定。

　　煤矿职业病主要是尘肺病。煤矿尘肺病因吸入矿尘成分不同,可分为以下三类:

　　(1)硅肺病。因吸入游离二氧化硅含量较高的岩尘所引起的尘肺病,患者多为长期从事岩巷掘进的工人。

　　(2)煤硅肺病。因吸入煤尘和含游离二氧化硅的岩尘所引起的尘肺病,患者多为岩巷掘进和采煤混合工种的工人。

　　(3)煤肺病。因长期吸入煤尘所引起的尘肺病,患者为长期从事采掘工作的采掘工人。

　　由于井下工种变化较大,工人很少长期从事单一工种,因此,煤矿尘肺病中煤硅肺比例最大,据卫生和科研部门统计,约占尘肺总人数的 70%～80%,另硅肺约占 20%～30%,煤肺约占5%～10%。

　　尘肺病的临床表现:

　　(1)咳嗽。尘肺病的常见症状,早期不严重。

　　(2)咳痰。尘肺病的常见症状。

　　(3)胸痛。部位不一,为隐痛,也有胀痛及针刺状痛等。

　　(4)呼吸困难。是患者明显的症状。

　　(5)咯血。咳痰中带少量血丝。

　　(6)其他。可有不同程度的消化功能减弱,胃痛、胃胀、便秘等。

三、煤矿从业人员职业病预防的权利和义务

　　(一)从业人员职业病预防的权利

　　(1)获得职业卫生教育、培训。

　　(2)获得职业健康检查、职业病诊疗、康复等职业病防治服务。

　　(3)了解工作场所产生或者可能产生的职业病危害因素、危害后果和应当采取的职业病防护措施。

　　(4)要求用人单位提供符合防治职业病要求的职业病防护设

施和个人使用的职业病防护用品,改善工作条件。

(5) 对违反职业病防治法律、法规以及危及生命健康的行为提出批评、检举和控告。

(6) 拒绝违章指挥和强令进行没有职业病防护措施的作业。

(7) 参与用人单位职业卫生工作的民主管理,对职业病防治工作提出意见和建议。

用人单位应当保障劳动者行使前款所列权利。因劳动者依法行使正当权利而降低其工资、福利等待遇或者解除、终止与其订立的劳动合同的,其行为无效。

(8) 劳动者有权拒绝从事存在职业病危害的作业,用人单位不得因此解除或者终止与劳动者所订立的劳动合同。

(9) 劳动者离开用人单位时,有权索取本人职业健康监护档案复印件,用人单位应当如实、无偿提供,并在所提供的复印件上签章。

(二) 从业人员职业病预防的义务

劳动者应当学习和掌握相关的职业卫生知识,遵守职业病防治法律、法规、规章和操作规程,正确使用、维护职业病防护设备和个人使用的职业病防护用品,发现职业病危害事故隐患应当及时报告。

学习和掌握相关的职业卫生知识,遵守职业病防治法律、法规、规章和操作规程,正确使用、维护职业病防护设备和个人使用的职业病防护用品,发现职业病危害事故隐患应当及时报告,这些都是从业人员应当履行的义务。如果从业人员不履行上述义务,用人单位有权对其进行批评教育。

四、煤矿主要职业危害的防治

(一) 职业毒害的防治

接触有毒物质时间的长短、剂量大小、发病缓急,其中毒表现是不同的,有急性、亚急性和慢性三种。短时间内大量毒物侵入人体引起急性中毒;长时间吸入小剂量毒物引起慢性中毒;介于急性中毒和慢性中毒之间、在较短时间内吸入较大剂量毒物引起的中毒为亚急性中毒。

防范措施:

1. 消除毒物

煤矿井下的有毒气体主要来源于炮烟和煤氧化、火灾等。因为很多有毒气体是易溶于水的,通过加强通风和喷雾洒水排除和降低有毒气体含量,净化空气,是消除毒物危害的有效措施。

2. 加强个人防护

爆破后烟未散去或作业现场空气质量太差时,不要急着进入工作面,待烟散尽、现场空气质量好转时再进入工作面,还应穿戴好防护服、防护面具、防尘口罩、自救器等。

3. 提高机体抗御能力

对于在有害物质场所作业的人员,应给予必要的保健待遇,加强营养和锻炼。

4. 加强对有害物质的监测

掌握有害气体浓度含量,做到心中有数,控制其危害程度。

5. 对受到危害的人员及时进行健康检查

必要时实行转岗、换岗作业。

6. 加强有害物质及预防措施的宣传教育

建立和健全安全生产责任制、卫生责任制和岗位责任制。

(二)矿尘对人的危害及防治

煤矿粉尘主要是煤尘、岩尘和水泥尘。这些粉尘是使煤矿工人患尘肺病的罪魁祸首。

目前,煤矿生产大量推广使用机械化,特别是综采综掘的使用,由于综采综掘都有内外喷雾洒水降尘设施,以及湿式打眼和水炮泥的使用,使矿尘大量减少,井下工作环境有了很大的改善。

但是,还有个别工序和一些机械化程度不高的中小煤矿,矿尘的危害还是很大的。即使机械化程度很高的矿井,仍然还有一些余尘,也危害着矿工的身体健康。因此,井下防尘是煤矿生产的长期任务,要常抓不懈。若遇水管没水或水管坏了,要及时汇报。坚持使用水炮泥,坚持使用湿式打眼,坚持洒水装碴,坚持使用各种综合防尘措施,把矿尘降到《煤矿安全规程》规定的浓度以下。

1. 减尘措施

减少采、掘作业时的粉尘产生量。包括煤层注水、采空区灌水、湿式打眼、水炮泥爆破等。

2. 降尘措施

包括各产尘点设喷雾洒水装置净化风流,洒水装渣等。

3. 通风排尘

调整合适的风速,加强排尘。最低排尘风速为0.25～0.5 m/s;最优排尘风速为1.2～1.6 m/s。在此风速范围内既可以有效地冲淡和排除浮尘,又不致把大量落尘吹起。

(三) 生产性噪声的危害和防护

1. 危害

噪声对人体的危害主要有三个方面:

(1) 损害听觉。短时间在噪声环境下工作,可引起听力减弱、听觉敏感性下降为表现的听觉疲劳。长期在噪声环境下工作,可引起永久性耳聋。噪声在 80 dB(A) 以下时,一般不会引起职业性耳聋;噪声在 80 dB(A) 以上时,对听力的影响比较严重。

(2) 引起各种病症。长时间在噪声环境下工作,除引起职业性耳聋外,还可引起消化不良、食欲不振、恶心、呕吐、头痛、心跳加快、血压升高、失眠等全身性病症。

(3) 引起事故。强烈噪声可掩盖报警声、警告声和其他危险预兆声等,引起设备损坏、人员伤亡。

2. 预防措施

控制和消除噪声源是根本措施,应改革工艺和生产设备,以消除或降低噪声。

（1）控制噪声传播。隔声：用吸声材料、吸声结构和隔声装置将噪声源封闭，防止噪声传播。常用的有隔声墙、隔声罩、隔声地板、隔声门窗等。消声：用吸声材料铺装室内墙壁或悬挂于室内空间，可以吸收辐射和反射声能，降低传播中噪声的强度水平。常用吸声材料有玻璃棉、矿渣棉、毛毡、泡沫塑料、棉絮等。

（2）采用合理的防护措施。利用耳塞防护。合适的耳塞隔声效果可达 30～40 dB（A），对高频噪声的阻隔效果较好。

（3）合理安排劳动制度。工作时间穿插休息时间，休息时间离开噪声环境，限制噪声工作时间，可减轻噪声对人体的危害。

（4）卫生保健措施。对受到噪声危害的人员定期体检，听力下降者及时治疗，重者调离噪声作业。

就业前体检或定期体检中发现的听觉器官疾病、心血管病、神经系统器质性疾病者，不得从事噪声环境工作。

（四）生产性振动的危害和防护

在生产过程中，按振动作用于人体的方式可分为局部振动和全身振动。局部振动是最常见和危害较大的振动。

1. 危害

（1）神经系统。表现为大脑皮层功能下降，条件反射潜伏期延长或缩短，出现膝反射抑制甚至消失；自主神经系统营养障碍；皮肤感觉迟钝，触觉、温热觉、痛觉、振动觉功能下降。

（2）心血管系统。出现心动过缓、窦性心律不齐、传导阻滞等病症。

（3）肌肉系统。有握力下降、肌肉萎缩、肌纤维颤动和疼痛等症状。

（4）骨组织。可引起骨和关节改变，出现骨质增生、骨质疏松、关节变形、骨硬化等病症。

（5）听觉器官。表现为听力损失和语言能力下降。

全身振动常引起足部周围神经和血管变化,出现足痛、易疲劳、腿部肌肉触痛。常引起脸色苍白、出冷汗、恶心、呕吐、头痛、头晕、食欲不振、胃机能障碍、肠蠕动不正常等。

2. 预防措施

为减轻振动对人的危害,要采取各种减振措施。

(1) 对局部振动的减振措施。改革工艺和设备,改革工作制度。合理使用减振用品,建立合理的劳动制度,限制作业人员的接触振动时间。煤矿井下的振动危害主要来自于煤电钻、风钻、综采综掘及其他机械对操作人员的危害。

(2) 对全身振动的减振措施。在有可能产生较大振动设备的周围设置隔离地沟,衬以橡胶、软木等减振材料,以确保振动不能外传。对振动源采取减振措施,如用弹簧等减振阻尼器,减少振动的传递距离。井下采煤机、掘进机、柴油车等座椅下加泡沫垫等,减弱运行中由于各种原因传来的振动。

另外,利用尼龙件代替金属件,可减少机器的振动,及时检修设备,可以防止因零件松动引起的振动。

思考题:

1. 简述我国的安全生产方针。

2. 简述安全检查工的权利、义务。

3. 防范职业危害的措施有哪些?

4. 生产性噪声的危害有哪些?

第二章　煤矿生产基础知识

第一节　煤矿生产相关知识

一、矿井开拓知识

矿井开拓巷道在井田内的布置形式称为矿井开拓方式,包括:井筒形式、数目和位置的确定;开采水平的确定,划分采区;布置井底车场和大巷;确定开采程序和矿井延深等问题。

通常以井筒的形式表示矿井的开拓方式,因此矿井开拓方式有立井开拓、斜井开拓、平硐开拓、综合开拓和多井筒分区域开拓等。

1. 立井开拓

主、副井均为从地面垂直开凿的井硐,通过的巷道通达煤层的一种开拓方式。

2. 斜井开拓

主、副井均为从地面开凿的倾斜井硐,通过一系列的巷道通达煤层的一种开拓方式。

3. 平硐开拓

主平硐由地面直接通达煤层的一种开拓方式。

4. 综合开拓

上述 3 种基本开拓方式都有各自的优缺点,为了充分发挥其优点,可以将主、副井布置成不同的井硐形式,用两种以上的基本井硐形式开拓井田,称为综合开拓。

二、掘进基础知识

（一）巷道分类

1. 按巷道的倾角和空间特征分类

（1）垂直巷道。垂直巷道有立井、管子道、暗立井和溜井等。

① 立井是有直接出口通往地面的垂直巷道，又称为竖井。一般用于提升煤炭的称为主井；用于提升材料、设备、人员、矸石，亦兼作通风等用的称为副井；专门用于通风的立井称为风井。

② 管子道是安装排水管或充填管专用的通道。

③ 暗立井是没有直接通往地面出口的垂直巷道，用于矿井的开拓延深。

④ 溜井也是没有直接通往地面出口的垂直巷道，用于煤炭自上而下的溜放。

（2）水平巷道。水平巷道有平硐、石门、平巷等。

① 平硐是有直接通往地面出口的水平巷道。用做运煤的叫主平硐；用做运料、运矸、进风等的叫副平硐；专用通风的叫通风平硐。

② 石门是与煤层走向呈正交或斜交的岩石水平巷道。石门可用于运煤、通风、行人、运料等。

③ 平巷是井下巷道的一种，它没有直接通往地面的出口，并且与煤层走向方向一致。位于岩石中的称为岩石平巷；位于煤层中的称为煤层平巷。平巷用于运输、通风和行人等。

（3）倾斜巷道。倾斜巷道有斜井、上（下）山等巷道。

① 斜井是直接通往地面或井底车场的倾斜巷道。用做运煤的称为主斜井；用做下料、进风、运矸和行人等的称为副斜井；专用于回风的称为回风斜井。根据主斜井安装设备的不同，又可分为带式输送机斜井、箕斗斜井和串车斜井等。

② 上（下）山是采区内或水平之间的主要倾斜巷道，没有直接通往地面的出口。位于开采水平以上、煤炭向下运输的倾斜巷道

称上山;反之称下山。根据其用途不同,又可以分为带式输送机、箕斗、串车等上(下)山,轨道上(下)山,行人上(下)山等。

上述各种巷道可体现在如图 2-1 所示的剖面图上。

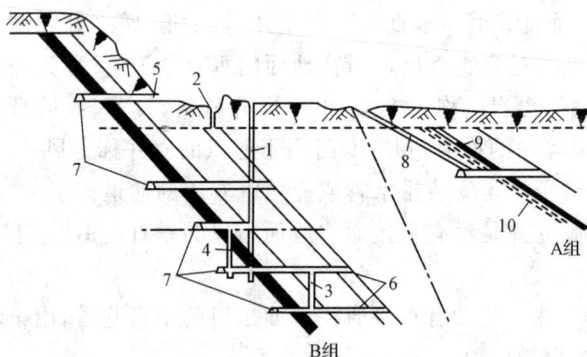

图 2-1 矿井巷道种类

1——立井;2——立风井;3——暗立井;4——溜井;5——平硐;

6——石门;7——平巷;8——斜井;9——上山;10——下山

2. 按巷道在煤层或岩层中的位置分类

(1)煤巷。在巷道断面中,煤层占 4/5 以上(包括 4/5 在内)的巷道。

(2)半煤岩巷。在巷道断面中,岩层占 1/5～4/5(不包括 1/5 和 4/5 在内)的巷道。

(3)岩巷:在巷道断面中,岩层占 4/5 以上(包括 4/5 在内)的巷道。

3. 按巷道在生产中的重要性分类

(1)开拓巷道。为一个矿井内的一个或几个水平服务的巷道,通常包括进风大巷、回风大巷、联系各水平的斜巷以及为该矿井各水平服务的各种硐室。

(2)准备巷道。为一个采区内的一个或几个采煤工作面和掘进工作面服务的巷道和硐室,通常包括采区石门、采区上下山、区段石门、区段共用平巷以及为该采区服务的各种硐室。

（3）回采巷道。直接为一个采煤工作面服务的巷道，通常包括区段运输平巷、区段回风平巷及其辅助巷和联络巷。

（二）巷道支护

巷道的支护形式取决于巷道的围岩性质、压力大小、巷道的服务年限、用途及巷道的断面形状等因素。通常采用的支护形式有木支架、料石及混凝土砌碹、装配式钢筋混凝土支架、金属支架、锚杆喷浆、喷射混凝土或喷浆支护等。

（三）巷道掘进方法

巷道掘进方法是指掘进方法和工艺的总称，主要包括破煤、装煤、运煤和支护等工序。

1. 钻眼爆破掘进法

钻眼爆破掘进法首先是在准备开凿巷道的岩石（煤）中，用岩石电钻或风动凿岩机（煤电钻）按作业规程的规定打出炮眼；炮眼打好后，再在炮眼里装填炸药并封好炮泥，并按作业规程规定的连线方法将雷管的脚线连接并准备起爆；爆破后，进行装运岩石（煤），架设临时支护及永久支护，敷设各种管道，修筑排水沟，以及铺设轨道等工作。

2. 机械化掘进法

机械化掘进法是利用岩（煤）巷联合掘进机进行掘进的一种方法。用联合掘进机掘进巷道，由于取消了钻眼爆破工序，并使破岩（煤）和装岩（煤）平行作业，大大提高了掘进效率，提高了安全性，并使掘出的巷道周边光滑，从而使支架易架设。

三、采煤方法和采煤工艺

（一）采煤方法的概念

采煤方法包括采煤系统和采煤工艺两部分内容。要想理解"采煤方法"的真正含义必须先了解采煤工艺、采煤系统和采煤方法3个基本概念。

1. 采煤工艺

采煤工作面是直接采取煤炭的场所,有时又称为采场(工作面)。工作面内的采煤工艺包括破煤、装煤、运煤、顶板支护和采空区处理五项主要工序。把煤从整体煤层中破落下来称为破煤。把破落下来的煤炭装入采煤工作面中的运输设备内称为装煤。煤炭运出采场的工序称为运煤。为保持采场内有足够的工作空间,就需要用支架来支持采场,这种工序称为工作面顶板支护。煤炭采出后,被废弃的空间称为采空区。为了减轻矿山压力对采场的作用,保证采煤工作顺利进行,必须处理采空区的顶板,这项工作称为采空区处理。

2. 采煤系统

巷道的掘进一般是超前于采煤工作面进行的,以便形成生产系统,保证把采出的煤炭运出工作面。生产系统与巷道布置在时间上、空间上的配合称为采煤系统。

3. 采煤方法

采煤方法就是采煤系统与采煤工艺的总称。根据不同的矿山地质及技术条件,可以采用不同的采煤系统与采煤工艺相配合,从而构成多种多样的采煤方法。如在不同的地质及技术条件下,可以采用长壁采煤法、柱式采煤法或其他采煤法,而长壁采煤法与柱式采煤法在采煤系统与采煤工艺方面的差异很大。

(二) 采煤方法的分类

我国使用的采煤方法种类较多,通常按采煤工艺、矿压控制特点、采煤系统构成情况,分为壁式体系采煤法和柱式体系采煤法两大类。

1. 壁式体系采煤法

壁式体系采煤法中主要采用长壁采煤法。其主要特征是采煤工作面长度较长,一般在 60~200 m 之间。每个工作面两端必须有两个出口,一端出口与回风平巷相连,用来回风及运送材料;

另一端出口与运输平巷相连,用来进风和运煤。在工作面内安装采煤设备。随着煤炭被采出,工作面不断向前移动,并始终保持成一条直线。

2. 柱式体系采煤法

柱式体系采煤法以房柱间隔进行采煤为主要标志。其主要特点是:采煤工作面长度较短,一般为 10～30 m,但工作面数目较多,工作面内煤的运输方向往往垂直于煤壁。回采过程中一般没有处理采空区的工序,工作面内通风条件较差。

除少数小型矿井外,我国绝大多数煤矿采用壁式体系采煤法。

（三）采煤工艺

我国目前普遍采用的采煤工艺有:爆破采煤工艺、普通机械化采煤工艺、综合机械化采煤工艺和综采放顶煤采煤工艺,后 3 种都属于机械化采煤工艺。

1. 普通机械化采煤工艺

普通机械化采煤工艺,简称普采,是指用机械方法破煤和装煤、输送机运煤和单体支柱支护的采煤工艺。其中,使用单体液压支柱进行支护的称为高档普采。普采工作面技术装备主要有滚筒式采煤机或刨煤机、可弯曲刮板输送机和与其配套的推移千斤顶、单体金属支柱与铰接顶梁及乳化液泵站等,如图 2-2 所示。

普采工作面生产工艺过程主要由割煤、运煤、挂梁、推移刮板输送机、打柱以及回柱放顶等工序组成。

2. 综合机械化采煤工艺

综合机械化采煤工艺,简称综采,是指用机械方法采煤和装煤、输送机运煤和液压支架支护的采煤工艺。综采工艺的特点是落煤、装煤、运输、支护、采空区处理等工序全部实现机械化。综采和普采最大的区别是综采使用了自移式支架支护顶板,解决了支护与回柱放顶人工操作的难题,实现了支护与采空区处理的机

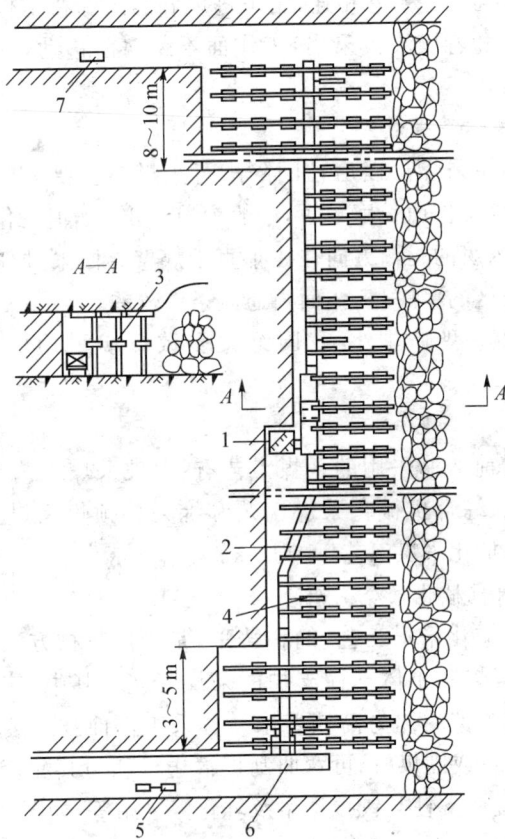

图 2-2　普采工作面设备布置

1——单滚筒采煤机;2——可弯曲刮板输送机;3——单体液压支柱;

4——推移千斤顶;5——乳化液泵站;6——运输平巷输送机;7——回柱绞车

械化。综采的优点是劳动强度低、产量高、效率高和安全条件好。

3. 综合机械化放顶煤采煤工艺

综合机械化放顶煤采煤工艺,简称"综放",是对厚煤层用综采设备进行整层开采的采煤工艺。放顶煤采煤法可对特厚煤层

(煤层厚度一般 6～12 m)进行整层开采。放顶煤采煤法是在煤层底部或煤层某一厚度范围内底部布置一个采高为 2～3 m 的长壁工作面,用常规采煤方法进行采煤,并利用矿山压力作用或辅以松动等方法,将上部顶煤在工作面推进后破碎冒落,并将冒落顶煤利用放顶煤支架予以回收,由工作面后部刮板输送机运出。

第二节　矿井通风基础知识

一、矿井空气

(一)矿井环境气体危害分析与控制

1. 矿井空气的主要成分及安全规定

一般而言,矿井空气的主要成分是氧气、氮气和二氧化碳。

井下空气成分必须符合《煤矿安全规程》的规定:采掘工作面的进风流中,氧气浓度不低于 20%,二氧化碳浓度不超过 0.5%。矿井总回风巷或一翼回风巷中二氧化碳浓度超过 0.75%时,必须立即查明原因,进行处理。采区回风巷、采掘工作面回风巷风流中二氧化碳浓度超过 1.5%时,必须停止工作,撤出人员,采取措施,进行处理。

2. 矿井空气的有毒有害气体及危害

(1) 一氧化碳(CO)。一氧化碳是一种无色、无味、无臭的气体,剧毒,相对密度为 0.97,微溶于水。一氧化碳能燃烧,当空气中一氧化碳浓度在 13%～75%时有爆炸的危险。

主要来源:① 井下爆破;② 矿井火灾;③ 煤炭自燃;④ 煤尘、瓦斯爆炸事故等。

(2) 硫化氢(H_2S)。硫化氢是一种无色、微甜、有浓烈的臭鸡蛋味、有很强毒性的气体。当它在空气中浓度达到 0.000 1%时即可嗅到,但当浓度较高时,因嗅觉神经中毒麻痹,反而嗅不到。相对密度为 1.19,易溶于水,能燃烧,空气中硫化氢浓度为

4.3％～45.5％时有爆炸危险。

硫化氢剧毒,有强烈的刺激作用,不但能引起鼻炎、气管炎和肺水肿,而且还能阻碍生物的氧化过程,使人体缺氧。当空气中硫化氢浓度较低时主要以腐蚀刺激作用为主,浓度较高时能引起人体迅速昏迷或死亡,腐蚀刺激作用往往不明显。

主要来源:有机物腐烂、含硫矿物的水解、矿物氧化和燃烧、从老空区和旧巷积水中放出等。我国有些矿区煤层中也有硫化氢涌出。

(3) 二氧化氮(NO_2)。二氧化氮是一种褐红色的气体,有强烈的刺激气味,相对密度为 1.59,易溶于水。

二氧化氮有强烈毒性,溶于水后生成腐蚀性很强的硝酸,对眼睛、呼吸道黏膜和肺部组织有强烈刺激及腐蚀作用,严重时可引起肺水肿。

主要来源:井下爆破工作。

(4) 二氧化硫(SO_2)。二氧化硫是一种无色、有强烈硫黄气味及酸味的气体。当空气中二氧化硫浓度达到 0.000 5％时即可嗅到。其相对密度为 2.22,在风速较小时,易积聚于巷道的底部。

二氧化硫易溶于水。二氧化硫遇水后生成硫酸,对眼睛及呼吸系统黏膜有强烈的刺激作用,可引起喉炎和肺水肿。

主要来源:含硫矿物质的氧化与自燃生成、在含硫矿物中爆破、从含硫矿层中涌出等。

(5) 氨气(NH_3)。氨气是一种无色、有浓烈臭味的气体,相对密度为 0.596,易溶于水,空气浓度中达 30％时有爆炸危险。

氨气对皮肤和呼吸道黏膜有刺激作用,可引起喉头水肿。

主要来源:爆破工作、用水灭火等,部分岩层中也有氨气涌出。

(6) 氢气(H_2)。氢气是一种无色、无味、无毒的气体,相对密度为 0.07。氢气能自燃,其点燃温度比甲烷低 100～200 ℃,当空气中氢气浓度为 4%～74% 时,有爆炸危险。

主要来源:井下蓄电池充电时放出,有些中等变质的煤层中也有氢气涌出。

(7)甲烷(CH_4)。甲烷是一种无色、无味、无臭的气体,比空气轻,微溶于水,具有很强的扩散性。甲烷无毒,在一定条件下会发生燃烧或爆炸。

主要来源:从煤体和采空区内涌出。

3. 井下空气中有害气体的安全规定

《煤矿安全规程》对常见有害气体的安全标准作了明确的规定,见表 2-1。

表 2-1　　　矿井空气中有害气体的最高允许浓度

有害气体名称	化学式	最高允许浓度/%
一氧化碳	CO	0.002 4
氧化氮(换算成二氧化氮)	NO_2	0.000 25
二氧化硫	SO_2	0.000 5
硫化氢	H_2S	0.000 66
氨	NH_3	0.004

瓦斯、二氧化碳和氢气的允许浓度应符合《煤矿安全规程》的有关规定。

4. 井下空气的温度及风速的安全规定

井下空气的温度、湿度和风速的综合效应形成了井下空气的气候条件。

(1)井下空气的温度

《煤矿安全规程》规定,进风井口以下的空气温度(干球温度,下同)必须在 2 ℃ 以上。

生产矿井采掘工作面空气温度不得超过 26 ℃,机电设备硐室的空气温度不得超过 30 ℃；当空气温度超过时，必须缩短超温地点工作人员的工作时间，并给予高温保健待遇。

采掘工作面的空气温度超过 30 ℃、机电设备硐室的空气温度超过 34 ℃时，必须停止作业。

新建、改扩建矿井设计时，必须进行矿井风温预测计算，超温地点必须有制冷降温设计，配齐降温设施。

当井下的气温过高时，要采取降温措施；当气温过低时，要采取空气预热措施。

（2）井巷中的风速

井巷中风速的大小直接影响人体的散热效果，风速过高或过低都会影响工人的身体健康。同时，风速过低，不利于排除瓦斯和矿尘，风速过高会使矿尘飞扬。井巷中的风速应符合《煤矿安全规程》的规定，见表 2-2。

表 2-2　　　　　矿井井巷中的最高和最低允许风速

井巷名称	允许风速/(m/s)	
	最　低	最　高
无提升设备的风井和风硐		15
专为升降物料的井筒		12
风桥		10
升降人员和物料的井筒		8
主要进、回风巷		8
架线电机车巷道	1.0	8
运输机巷，采区进、回风巷	0.25	6
采煤工作面、掘进中的煤巷和半煤岩巷	0.25	4
掘进中的岩巷	0.15	4
其他通风人行巷道	0.15	

设有梯子间的井筒或修理中的井筒,风速不得超过 8 m/s;梯子间四周经封闭后,井筒中的最高允许风速可按表 2-2 的规定执行。

无瓦斯涌出的架线电机车巷道中的最低风速可低于表 2-2 的规定值,但不得低于 0.5 m/s。

综合机械化采煤工作面,在采取煤层注水和采煤机喷雾降尘等措施后,其最大风速可高于表 2-2 的规定值,但不得超过 5 m/s。

装有带式输送机的井筒兼作回风井时,井筒中的风速不得超过 6 m/s,且必须装设甲烷断电仪。

箕斗提升井或装有带式输送机的井筒兼作进风井时,箕斗提升井筒中的风速不得超过 6 m/s、装有带式输送机的井筒中的风速不得超过 4 m/s,并应有可靠的防尘措施,井筒中必须装设自动报警灭火装置和敷设消防管路。

二、矿井通风系统

矿井通风系统是指矿井通风方法、通风方式、通风网络和通风设施的总称。它包括从进风到回风的全部路线。

(一)矿井通风方法

根据风流获得动力的来源不同,矿井的通风方法可分为自然通风和机械通风。根据矿井通风压力状态分为正压通风和负压通风。

1. 自然通风

利用自然因素产生的通风动力,致使空气在井下巷道流动的通风方法称为自然通风。自然风压的大小和风流方向,主要受地面空气温度变化、高差、井口的风速等影响。其实质是进、回风井的空气密度变化引起的空气流动。

采用机械通风的矿井,自然风压也是始终存在的,并在各个时期内影响着矿井通风工作。对于自然风压较大的深井,自然风压对矿井通风起着重要作用,而且它在冬、夏两季可能会出现风流的反向,这在矿井通风管理工作中,应予以充分重视。

图 2-3 所示为一个简化的矿井通风系统。图中 2→3 为水平巷道,0→5 为通过系统最高点的水平线。如果把地表大气视为断面无限大、风阻为零的假想风路,则通风系统可视为一个闭合的回路。在冬季,由于空气柱 0→1→2 比空气柱 5→4→3 的平均温度较低,平均空气密度较大,导致两空气柱作用在 2—3 水平面上的重力不等,其重力之差就是该系统的自然风压,它使空气源源不断地从井口 1 流入,从井口 5 流出。在夏季,若空气柱 5→4→3 比空气柱 0→1→2 温度低,平均密度大,则系统产生的自然风压方向与冬季相反,地面空气从井口 5 流入,从井口 1 流出。

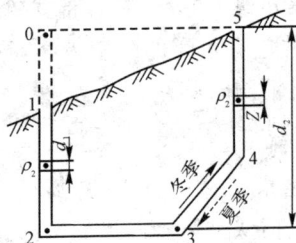

图 2-3

2. 机械通风

利用通风机运转产生的通风动力,致使空气在井下巷道中流动的通风方法称为机械通风。根据主要通风机的工作方式不同,机械通风可分为抽出式通风(负压通风)、压入式通风(正压通风)和混合式通风 3 种。

(1) 抽出式通风

如图 2-4(a)所示,抽出式通风是将矿井主要通风机安设在回风井一侧的地面上,新鲜风流经进风井流到井下各用风地点后,乏风风流再通过通风机排出地表的一种矿井通风方法。

(2) 压入式通风

如图 2-4(b)所示,压入式通风是将矿井主要通风机安设在进风井一侧的地面上,新鲜风流经主要通风机加压后送入井下各用风地点,乏风风流再经过回风井排出地表的一种矿井通风方法。

(3) 混合式通风

混合式通风是在进风井和回风井一侧都安设矿井主要通风机,新鲜风流经压入式主要通风机送入井下,乏风风流经抽出式主要通风机排出井外的一种矿井通风方法。

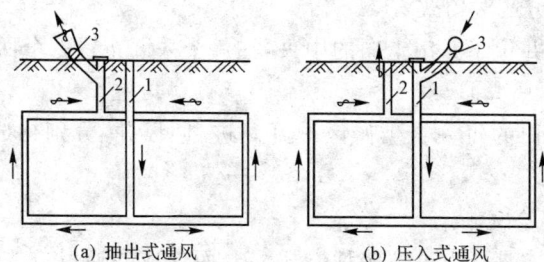

(a) 抽出式通风   (b) 压入式通风

图 2-4 矿井通风方法

1——进风井;2——回风井;3——主要通风机

(二) 矿井通风方式

按照进、回风井之间在井田内的位置关系,通风方式可分为中央式、对角式、区域式及混合式 4 种基本形式。

1. 中央式

进、回风井大致位于井田走向中央。根据进、回风井的相对位置,又可分为中央并列式和中央边界式(中央分列式)。

(1) 中央并列式

进风井和回风井均布置在井田走向中央的通风方式。

(2) 中央边界式(中央分列式)

进风井大致位于井田走向的中央,回风井大致位于井田浅部边界沿走向中央,在倾斜方向上两井相隔一段距离,回风井的井底高于进风井的井底。

2. 对角式

根据回风井服务范围的不同,对角式通风又可分为两翼对角式和分区对角式。

(1) 两翼对角式

进风井位于井田走向的中央,两个回风井位于井田边界的两翼(沿倾斜方向的浅部),称为两翼对角式。如果只有一回风井,且进、回风井分别位于井田的两翼,称为单翼对角式。

(2) 分区对角式

进风井位于井田走向的中央,在每个采区布置一个回风井。

3. 区域式

在井田的每一个生产区域开凿进、回风井,分别构成独立的通风系统。

4. 混合式

混合式是指由上述多种方式混合而形成的通风方式。例如,中央分列与两翼对角混合式、中央并列与两翼对角混合式等。

(三) 采区通风系统

采区通风系统是采区生产系统的重要组成部分。它包括采区主要进、回风巷道和工作面进、回风巷道的布置方式,采区通风路线的连接形式,工作面通风方式,以及采区内的通风设施等内容。

采区通风系统主要取决于采区巷道布置和采煤方法,同时要满足通风的特殊要求,如瓦斯大或地温高,有时是决定通风系统的主要条件。在确定采区通风系统时,应遵守安全、经济、技术先进合理的原则。

1. 采区通风系统的基本要求

(1) 采区必须实行分区通风。

① 准备采区,必须在采区构成通风系统以后,方可开掘其他巷道。

② 采煤工作面必须在采区构成完整的通风、排水系统后，方可回采。

③ 高瓦斯矿井、有煤(岩)与瓦斯(二氧化碳)突出危险的矿井的每个采区和开采容易自燃煤层的采区，必须设置至少一条专用回风巷。

④ 瓦斯矿井开采煤层群和分层开采采用联合布置的采区，必须设置一条专用回风巷。

⑤ 采区的进、回风巷必须贯穿整个采区，严禁一段为进风巷、一段为回风巷。

(2) 采掘工作面应实行独立通风。

(3) 在采区通风系统中，要保证风流流动的稳定性，采掘工作面尽量避免处于角联风路中。

(4) 在采区通风系统中，应力求通风系统简单，以便发生事故时易于控制风流和撤退人员。

(5) 对于必须设置的通风设施(风门、风桥、挡风墙等)和通风设备(局部通风机、辅助通风机等)，要选择好适当位置，严把规格质量关，严格管理制度，保证通风设备安全运转。尽量将主要风门开关、局部通风机开停等状态参数和风流变化参数纳入矿井安全监控系统中，以便及时发现和处理问题。

(6) 在采区通风系统中，要保证通风阻力小，通风能力大，风流畅通，风量按需分配。因此，应特别注意加强巷道的维护，及时处理局部冒顶和堵塞，支护良好，保证有足够的断面。

(7) 在采区通风系统中，尽量减少采区漏风量，并有利于采空区瓦斯的合理排放及防止采空区浮煤自燃，使新鲜风流在其流动路线上被加热与污染的程度最小。

(8) 设置消防洒水管路、避难硐室和灾变时控制风流的设施。明确避灾路线和安全标志。必要时，建立瓦斯抽采系统、防灭火灌浆系统。

（9）采区变电所必须有独立的通风系统。

2. 壁式采煤工作面通风系统的类型和特点

采煤工作面的通风系统是由采煤工作面的瓦斯、温度、煤层自燃倾向性及采煤方法等所确定的，我国大部分矿井多采用长壁后退式采煤法。根据采煤工作面进、回风巷的布置方式和数量，可将长壁式采煤工作面通风系统分为 U 形、Z 形、H 形、Y 形、双Z 形和 W 形等。这些形式是由 U 形通风系统改进而成的，其目的是预防瓦斯局部积聚，加大工作面长度，增加工作面供风量，改善工作面气候条件。

（1）U 形与 Z 形通风系统

U 形与 Z 形通风系统工作面通风系统只有一条进风巷道和一条回风巷道。我国大多数矿井采用 U 形后退式通风系统。

① U 形通风系统

U 形后退式通风系统的主要优点是结构简单，巷道施工维修量小，工作面漏风小，风流稳定，易于管理等；缺点是在工作面上隅角附近瓦斯易超限，工作面进、回风巷要提前掘进，掘进工作量大。

U 形前进式通风系统的主要优点是工作面维护量小，不存在采掘工作面串联通风的问题，采空区瓦斯不涌向工作面，而是涌向回风平巷；缺点是工作面采空区漏风大。

② Z 形通风系统

Z 形通风系统采空区的漏风，介于 U 形后退式和 U 形前进式通风系统之间，且该通风系统需沿空支护巷道和控制采空区的漏风，其难度较大。

Z 形后退式通风系统的主要优点是采空区瓦斯不会涌入工作面，而是涌向回风巷，工作面采空区回风侧能用钻孔抽采瓦斯，但不能在进风侧抽采瓦斯。

Z 形前进式通风系统工作面的进风侧沿采空区可以抽采瓦

斯,但采空区的瓦斯易涌向工作面,特别是上隅角,回风侧不能抽采瓦斯。

(2) Y形、W形及双Z形通风系统

这3种通风系统均为两进一回或一进两回的采煤工作面通风系统。

① Y形通风系统

根据进、回风巷的数量和位置不同,Y形通风系统可以有多种不同的方式。生产实际中应用较多的是在回风侧加入附加的新鲜风流,与工作面回风汇合后从采空区侧流出的通风系统。Y形通风系统会使回风巷的风量加大,但上隅角及回风巷的瓦斯不易超限,并可以在上部进风侧抽采瓦斯。

② W形通风系统

a. W形后退式通风系统。用于高瓦斯的长工作面或双工作面。该系统的进、回风平巷都布置在煤体中,当由中间及下部平巷进风、上部平巷回风时,上、下段工作面均为上行通风,但上段工作面的风速高,对防尘不利,上隅角瓦斯可能超限。所以,瓦斯涌出量很大时,常采用上、下平巷进风,中间平巷回风的W形通风系统;反之,采用由中间平巷进风,上、下平巷回风的通风系统以增加风量,提高产量。在中间平巷内布置钻孔抽采瓦斯时,抽采钻孔由于处于抽采区域的中心,因而抽采率比采用U形通风系统的工作面提高了50%。

b. W形前进式通风系统。巷道维护在采空区内进行,难度大,漏风量大,采空区的瓦斯浓度也大。

③ 双Z形通风系统

其中间巷与上、下平巷分别在工作面的两侧。

a. 双Z形后退式通风系统,上、下进风巷布置在煤体中,漏风携出的瓦斯不进入工作面,比较安全。

b. 双Z形前进式通风系统,上、下进风巷维护在采空区中进行,漏风携出的瓦斯可能使工作面的瓦斯超限。

（3）H形通风系统

在H形通风系统中,有两进两回通风系统和三进一回通风系统,如图2-26所示。其特点是工作面风量大,采空区的瓦斯不涌向工作面,气候条件好,增加了工作面的安全出口,工作面机电设备都在新鲜风流中,通风阻力小,在采空区的回风巷中可以抽采瓦斯,易控制上隅角的瓦斯,但沿空护巷困难;由于有附加巷道,可能影响通风的稳定性,管理复杂。

当工作面和采空区的瓦斯涌出量都较大,在进风侧和回风侧都需增加风量稀释工作面瓦斯时,可考虑采用H形通风系统。

3.采煤工作面上行通风与下行通风

上行通风与下行通风是指进风流方向与采煤工作面的关系而言的。风流沿采煤工作面由下向上流动的通风方式,称为上行通风;风流沿采煤工作面由上向下流动的通风方式,称为下行通风。

4.扩散通风与循环风

（1）扩散通风

扩散通风是指利用空气分子自然扩散运动,对局部地点进行通风的方式。《煤矿安全规程》规定,如果硐室深度不超过6 m、入口宽度不小于1.5 m,并且无瓦斯涌出的条件,可采用扩散通风。

（2）循环风

某一用风地点部分或全部回风再进入同一地点进风流中的现象称为循环风。循环风一般发生在局部通风过程中,由于局部地点的乏风风流反复返回同一局部地点,有毒有害气体和粉尘的浓度会有一定程度的增大,不仅使作业环境越来越恶化,还会造成安全隐患甚至出现恶性事故。

5.井巷风速与风量

空气流动的速度称为风流速度,简称风速,以单位时间内流经的距离表示,常用单位为 m/s。井巷中实际通过的风量是指单位时间通过井巷断面的空气体积,常用单位为 m^3/min 或 m^3/s。井巷中的风流速度和通过的风量是矿井通风的主要参数之一。

6. 井下风流范围的划定

(1)巷道风流

巷道风流的界定:有支架的巷道,距支架和巷底各为 50 mm 的巷道空间内的风流;无支架或锚喷巷道,距巷道顶、帮、底各为 200 mm 的巷道空间内的风流。

(2)采煤工作面进风流

采煤工作面进风流是指无支架进风巷道为距巷道顶、帮、底各 200 mm 的工作面进风巷道空间内的风流。

(3)采煤工作面风流

采煤工作面风流即距煤壁、顶板、底板各为 200 mm(小于 1 m 厚的薄煤层采煤工作面距顶、底板各为 100 mm)和以采空区的切顶线为界的采煤工作面空间的风流。采用充填法控制顶板时,采空区一侧应以挡矸、砂帘为界。采煤工作面回风上隅角及一段未放顶的巷道空间至煤壁线的范围空间中的风流,都按采煤工作面风流处理。

(4)采煤工作面回风流

采煤工作面回风流是指距支架和巷底各为 50 mm 的工作面回风巷道空间内的风流,无支架回风巷道为距巷道顶、帮、底各 200 mm 的工作面回风巷道空间内的风流。

(5)掘进工作面风流

掘进工作面风流是指掘进工作面到风筒出口这一段巷道中的风流,测定时按巷道风流划定法划定空间范围。

(6)爆破地点附近 20 m 以内的风流

爆破地点附近 20 m 以内的风流即采煤工作面爆破地点沿工作面煤壁方向两端各 20 m 范围内的采煤工作面风流,或掘进工作面爆破地点向外 20 m 范围内的巷道风流。

(7) 电动机及其开关附近 20 m 以内的风流

电动机及其开关附近 20 m 以内的风流即电动机及其开关所处地点沿工作面风流方向的上风流端和下风流端各 20 m 范围内的风流。

思考题:

1. 简述煤矿常见的矿井开拓方式。

2. 简述采煤工艺的类型。

3. 简述矿井空气中有毒有害气体种类和特点。

4. 简述矿井通风方式。

第三章　五大灾害基础知识

第一节　矿井瓦斯

一、概述

（一）瓦斯及其形成

矿井瓦斯是矿井中主要由煤层气构成的以甲烷为主的有害气体的总称。瓦斯是一种混合气体，一般情况下，含有甲烷和其他烃类（如乙烷、丙烷），以及二氧化碳和稀有气体。个别煤层内含有氢气、一氧化碳、硫化氢、氡气。在组成瓦斯的各种气体中，甲烷往往占总量的 90% 以上，因此瓦斯的概念有时单独指甲烷。

矿井瓦斯来自煤层和煤系地层，它的形成经历了两个不同的造气时期：从植物遗体到形成泥炭，属于生物化学造气时期；从褐煤、烟煤到无烟煤，属于变质作用造气时期。

（二）瓦斯的性质

瓦斯通常指甲烷，分子式为 CH_4，它是一种无色、无味、无臭、无毒、微溶于水的气体。在标准状态（温度为 0 ℃，大气压力为 101.325 kPa）下，相对密度为 0.554。由于甲烷较轻，故常常积聚在通风不良巷道的顶部及顶板垮落空洞中和上山掘进工作面。甲烷有很强的渗透性和扩散性，扩散速度是空气的 1.34 倍，能很快在空气中扩散。甲烷具有燃烧性和爆炸性。

（三）瓦斯的危害

1. 瓦斯窒息

瓦斯本身虽然无毒，但当空气中瓦斯浓度较高时，就会相对降低空气中氧气的浓度。在压力不变的情况下，当瓦斯浓度达到43%时，氧气浓度就会被冲淡到12%，人员呼吸会感到困难；如果瓦斯浓度超过57%，氧气浓度就会降低至10%以下，这时若人员误入其中，短时间内就会因缺氧而窒息死亡。因此，凡井下盲巷或通风不良的地区，都必须及时封闭或设置栅栏，并悬挂"禁止入内"的警标，严禁人员入内。

2. 瓦斯的燃烧性和爆炸性

瓦斯不助燃，但与空气混合到一定浓度时，具有燃烧性和爆炸性。当瓦斯浓度低于5%时，遇火不爆炸，但能在火焰外围形成燃烧层，其燃烧时的火焰颜色为浅蓝色（空气中瓦斯浓度为3%~4%）；当瓦斯浓度为9.5%时，其爆炸威力最大（氧气和瓦斯完全反应）；当瓦斯浓度在16%以上时，失去其爆炸性，但在空气中遇火仍会燃烧。瓦斯作为民用燃气的浓度一般为30%~35%。在无其他可燃气体混入的空气中，瓦斯的爆炸浓度为5%~16%。

二、瓦斯爆炸及其危害

（一）瓦斯爆炸

瓦斯是一种能够燃烧和爆炸的气体，瓦斯爆炸就是空气中的氧气与瓦斯（甲烷）进行剧烈氧化反应的结果。瓦斯在高温火源作用下，与氧气发生化学反应，生成二氧化碳和水蒸气，并放出大量的热。这些热量能够使反应过程中生成的二氧化碳和水蒸气迅速膨胀，形成高温、高压并以极高的速度向外冲出而产生动力现象，这就是瓦斯爆炸。

（二）瓦斯爆炸的条件

瓦斯爆炸必须同时具备3个基本条件：一是一定的瓦斯浓度，二是高温火源的存在，三是充足的氧气。

1. 瓦斯浓度

在正常的大气环境中,瓦斯只有在一定的浓度范围内才能爆炸,这个浓度范围称为瓦斯的爆炸界限,其最低浓度界限叫做爆炸下限;其最高浓度界限叫做爆炸上限;瓦斯在新鲜空气中的爆炸界限一般认定为 5%～16%。当瓦斯浓度为 9.5% 时,化学反应最完全,产生的温度与压力也最大;当瓦斯浓度为 7%～8% 时,最容易爆炸,这个浓度称为最优爆炸浓度。

2. 引火温度

高温火源的存在是引起瓦斯爆炸的基本条件之一。点燃瓦斯所需的最低温度称为引火温度。瓦斯的引火温度一般认为是 650～750 ℃。瓦斯爆炸的最低点燃能量为 0.28 mJ。

3. 氧的浓度

实验表明,瓦斯爆炸界限随着混合气体中氧气浓度的降低而缩小。当氧气浓度低于 12% 时,混合气体就失去了爆炸性。

(三)瓦斯爆炸的危害

矿井发生瓦斯爆炸的主要危害是高温、高压冲击波和产生大量的有毒有害气体。

1. 高温

对于煤矿井下巷道,瓦斯爆炸温度为 1 850～2 650 ℃,其产生的高温不仅会烧伤人员、烧坏设备,还可能引起井下火灾,扩大灾情。

2. 高压冲击波

瓦斯爆炸产生的冲击波锋面压力由几个大气压到 20 个大气压,冲击波叠加和反射时可达 100 个大气压。其传播速度总是大于声速,所到之处造成人员伤亡、设备和通风设施损坏、巷道垮塌。

3. 有毒有害气体

瓦斯爆炸后产生大量的有毒有害气体。据分析,瓦斯爆炸后的空气成分为氧气 6%～10%、氮气 82%～88%、二氧化碳 4%～8%、一氧化碳 2%～4%。爆炸后生成的大量一氧化碳是造成人员大量伤亡的主要原因。如果有煤尘参与爆炸,一氧化碳的生成量就会更大,危害更为严重。统计资料表明,在发生的瓦斯、煤尘爆炸事故中,死于一氧化碳中毒的人数占死亡人数的 70%以上。

三、瓦斯涌出

(一)瓦斯涌出的概念

受采动影响,煤层、岩层遭到破坏,部分赋存在煤、岩体内的瓦斯就会均匀地向井下空间释放的现象,称为瓦斯涌出。

(二)瓦斯涌出的形式

矿井瓦斯涌出形式一般分两种,即普通涌出和特殊涌出。

1. 普通涌出

普通涌出是指瓦斯从采落的煤(岩)及煤(岩)层暴露面上,通过细小孔隙,缓慢而长时间地涌出。首先放出的是游离瓦斯,然后是部分解吸的吸附瓦斯。普通涌出是矿井瓦斯涌出的主要形式,不但范围广,而且数量大、时间长。

2. 特殊涌出

如果煤层或岩层中含有大量瓦斯,采掘过程中这些瓦斯有时会在极短的时间内,突然地、大量地涌出,可能还伴有煤粉、煤块或岩石,这种瓦斯涌出形式称为特殊涌出。瓦斯特殊涌出的范围是局部的、短暂的、突发性的,但其危害极大。瓦斯特殊涌出是一种动力现象,分为瓦斯喷出和煤与瓦斯突出两种。

四、煤与瓦斯突出

(一)煤与瓦斯突出预兆

实践证明,大多数突出都有一些能为人的感官所觉察到的预兆。熟悉和掌握这些预兆,对于减小突出危害、保证人身安全有着重要的意义。

1. 有声预兆

地压活动剧烈,顶板来压,不断发生掉碴,支架发出断裂声,煤层产生震动,手扶煤壁感到震动和冲击,听到煤炮声或闷雷声,一般是先远后近、先小后大、先单响后连响,突出时伴随巨雷般的响声。

2. 无声预兆

工作面遇到地质变化,煤层厚度不一,尤其是煤层中的软分层变化,瓦斯涌出量增大或忽大忽小,工作面气温变冷,煤层层理紊乱,硬度降低,光泽暗淡,煤体干燥,煤尘飞扬,有时煤体碎片从煤壁上弹出,打钻时严重顶钻、夹钻、喷孔等。

(二)煤与瓦斯突出的危害

(1)危及井下作业人员生命安全。

(2)破坏矿井正常的生产秩序。

(3)破坏井下设备和建筑物,如摧毁支架、推倒矿车、破坏通风设施。

(4)诱发其他灾害事故,如瓦斯、煤尘爆炸,瓦斯燃烧。

(5)严重影响矿井经济效益。

五、矿井瓦斯等级划分

《煤矿瓦斯等级鉴定暂行办法》对矿井瓦斯等级划分的规定如下所述。

(1)具备下列情形之一的矿井为突出矿井:

① 发生过煤(岩)与瓦斯(二氧化碳)突出的。

② 经鉴定具有煤(岩)与瓦斯(二氧化碳)突出煤(岩)层的。

③ 依照有关规定有按照突出管理的煤层,但在规定期限内未完成突出危险性鉴定的。

(2)具备下列情形之一的矿井为高瓦斯矿井:

① 矿井相对瓦斯涌出量大于 $10\ m^3/t$。

② 矿井绝对瓦斯涌出量大于 $40\ m^3/min$。

③ 矿井任一掘进工作面绝对瓦斯涌出量大于 3 m^3/min。

④ 矿井任一采煤工作面绝对瓦斯涌出量大于 5 m^3/min。

（3）同时满足下列条件的矿井为瓦斯矿井：

① 矿井相对瓦斯涌出量小于或等于 10 m^3/t。

② 矿井绝对瓦斯涌出量小于或等于 40 m^3/min。

③ 矿井各掘进工作面绝对瓦斯涌出量均小于或等于3 m^3/min。

④ 矿井各采煤工作面绝对瓦斯涌出量均小于或等于5 m^3/min。

第二节　矿井火灾

一、矿井火灾常识

（一）矿井火灾及危害

1. 矿井火灾

发生在矿井井下或地面，威胁到井下安全生产，造成损失的非控制燃烧均称为矿井火灾。如地面井口房、通风机房失火或井下输送带着火、煤炭自燃等都是非控制燃烧，均属矿井火灾。

2. 矿井火灾的危害

（1）造成人员伤亡。当煤矿井下发生火灾以后，煤、坑木等可燃物质燃烧，释放出有毒有害气体，会造成井下工作人员中毒。据国内外统计，在矿井火灾事故中遇难的人员 95% 以上是有毒有害气体中毒所致。

（2）引起瓦斯、煤尘爆炸。火灾容易诱发瓦斯、煤尘爆炸事故，扩大灾害的影响范围。

（3）造成巨大的经济损失。矿井火灾会烧毁大量的采掘运输设备和器材，造成巨大的经济损失。封闭煤炭资源从而造成大量煤炭冻结，矿井停产等，都会造成巨大的经济损失。

（4）污染环境。矿井火灾产生的大量有毒有害气体，如一氧化碳、二氧化碳、二氧化硫、烟尘等，会造成环境污染。

（二）矿井火灾分类及特点

1. 外因火灾

外因火灾是由外部高温热源引起可燃物燃烧而造成的火灾。其特点是发生突然，发展速度快，没有预兆，地点广泛，不能及时发现或扑灭就会造成大量人员伤亡和重大经济损失。

外因火灾发生在井筒、井底车场、石门及其他有机电设备的巷道内。煤矿中常见的外部热源有电能热源、摩擦热、各种明火（如液压联轴器喷油着火、吸烟、焊接火花）等。

2. 内因火灾

内因火灾是由于煤炭等可燃物质在一定的条件下，在空气中氧化发热并积聚热量而引起的火灾，又称自燃火灾。自然发火时有预兆，但发生地点比较隐蔽、不易发现，即使找到火源也难以将其扑灭，火灾持续时间较长。

自燃火灾多发生在采空区，特别是丢煤多而未封闭或封闭不严的采空区，巷道两侧煤柱内及煤巷掘进冒高处等。

（三）矿井火灾的基本要素

矿井火灾发生的 3 个基本要素为热源、可燃物和空气。火灾的 3 个要素必须同时存在，且达到一定的数量，才能引起矿井火灾，缺少任何一个要素，矿井火灾就不可能发生。

1. 热源

具有一定温度和足够热量的热源才能引起火灾。煤的自燃、瓦斯或煤尘爆炸、爆破作业、机械摩擦、电流短路、吸烟、电（气）焊及其他明火等都可能成为引火的热源。

2. 可燃物

煤本身就是一种普遍存在的大量的可燃物。另外，坑木、各类机电设备、各种油料、炸药等都具有可燃性。

3. 空气

空气中含有一定量的氧气,才能满足氧化反应的需要。当空气中的氧气浓度低于 5% 时就不能维持氧化反应。

二、煤炭自燃

(一)煤炭自燃的基本条件

煤炭自燃需具备 3 个基本条件:

(1)煤炭具有自燃倾向性且呈破碎状态堆积,一般厚度要大于 0.4 m。

(2)连续的通风供氧,能够维持煤炭的氧化和不断的发展。

(3)煤炭氧化生成的热量能够大量积聚,难以及时散失。

(二)煤炭自燃倾向性及其分类

1. 煤的自燃倾向性

煤的自燃倾向性是指煤炭自燃的难易程度。煤的自燃倾向性是煤自燃的固有特性,是煤炭自燃的内在因素,属于煤的自然属性。

2. 煤炭自然发火期

(1)自然发火期

自煤层被揭露(或与空气接触)之日起到自然发火为止所经历的时间,称为煤的自然发火期。自然发火期是煤炭自燃危险在时间上的量度,自然发火期越短,煤炭自燃的危险性越大。

(2)最短自然发火期

煤炭最短自然发火期是指在最有利于煤自热发展的条件下,煤炭自燃需要经过的时间,以月或天为单位。

3. 煤炭自燃的早期预兆

(1)煤炭自然发火的过程

煤的氧化自燃过程一般要经过潜伏期、自热期、燃烧期 3 个时期,也称为煤炭自然发火的 3 个阶段。

(2)煤炭自然发火的早期征兆

　　根据煤炭氧化自燃过程的 3 个时期,发现煤炭自燃有如下早期征兆:

　　① 煤炭自燃初期生成水分,使巷道湿度增加,出现雾气和水珠、煤壁"出汗"现象。

　　② 煤炭从自热到自燃过程中,生成多种氢化合物,释放出煤油味、汽油味、松节油味或煤焦油味。

　　③ 煤炭在氧化过程中要放出热量,致使该处巷道煤壁和空气的温度升高。

　　④ 煤炭在氧化自燃过程中,附近的氧气浓度会降低,释放出一氧化碳和其他有害气体,人员会有疼痛、闷热、精神不振、疲劳、不舒服等感觉。

第三节　矿井粉尘

一、粉尘基础知识

(一)粉尘的概念

　　矿井粉尘一般分为煤尘和岩尘两种。煤尘是从其爆炸角度来定义的,凡粒径小于 1 mm 的煤炭颗粒叫煤尘,煤尘含有较多的以固定碳为主的可燃物质。岩尘是从其卫生角度来定义的,凡粒径小于 5 μm 的岩石颗粒称为岩尘,岩尘能够进入人体肺部引起尘肺病;当岩尘中游离二氧化硅浓度超过 10% 时,称为硅尘。

　　各种粒度的粉尘在整个粉尘中所占的百分比称为粉尘分散度。

(二)粉尘的产生

　　井下粉尘的主要来源是在生产过程中生成的,煤层或围岩中由于地质作用生成的原生粉尘是井下粉尘的次要来源。

　　井下粉尘的产量,以采掘工作面为最高;其次在运输系统各转载点,因煤和岩石遭到进一步破碎,也将产生相当数量的粉尘。

粉尘的产生量随煤炭开采方法和所用的机械、生产工序、工艺的不同而不同。随着生产的发展和机械化程度的不断提高,粉尘的产生量也必将增大,防尘工作也更加重要。

（三）影响粉尘产生量的因素

矿井粉尘的产生量与下列因素有关：

（1）工作地点。以采掘工作面和装卸点为最高。

（2）机械化程度,有无防尘、消尘措施,开采强度。

（3）煤、岩的物理性质。节理发育、脆性大、结构疏松、水分低的煤易产生粉尘。

（4）采煤方法及截割参数。

（5）作业环境的温度、湿度及通风状况。

（6）工序。干式打眼、装运岩、割煤（爆破）等工序产尘较多。

（7）地质构造。地质构造复杂、断层和裂隙发育开采时产尘量大。

（四）粉尘的主要性质

1. 粉尘的湿润性

粉尘粒子能被水（或其他液体）湿润的现象,叫做湿润性。

2. 粉尘的荷电与导电性

粉尘在产生过程中,由于物料的激烈撞击,尘粒彼此间或尘粒与物料间的摩擦,放射线照射及电晕放电等作用而发生荷电,它的物理性质将有所改变,如凝聚性和附着性增强,并影响尘粒在气体中的稳定性等。

3. 粉尘的自然堆积角

粉尘的自然堆积角也称安息角,即粉尘在水平面上自然堆放时,所堆成的锥体的斜面与水平面所成的夹角。

4. 粉尘的爆炸性

某些粉尘在空气中达到一定浓度时,在外界的高温、明火、摩擦、振动、碰撞及放电火花等作用下会引起爆炸,这类粉尘称为具有爆炸危险性粉尘。有些粉尘(如镁粉、碳化钙粉)与水接触后会引起自燃或爆炸,这类粉尘也称为具有爆炸危险性粉尘。对于这种粉尘不能采用湿式除尘器。还有些粉尘,如溴与磷、镁、锌粉互相接触或混合便会发生爆炸。

爆炸即瞬时急剧的燃烧。爆炸时生成气体受高温急剧膨胀,产生很高的压力,引起破坏作用。粉尘的爆炸性主要取决于粉尘性质,还与粉尘的粒径和湿度等有关。粒径越小、粉尘和空气的湿度越小,爆炸危险性越大,反之则小。

粉尘在空气中只有在一定的浓度范围内才能引起爆炸,这个能引起爆炸的浓度,叫做爆炸浓度。能够引起爆炸的最高浓度称为爆炸上限,最低浓度称为爆炸下限。

二、粉尘的危害性

(一) 对人体的主要危害

如果人的肺部长期吸入大量的粉尘就会患尘肺病。尘肺病是目前危害较大的一种职业病。尘肺病的发生与下列条件有关:

(1) 空气中粉尘的游离二氧化硅含量。

(2) 空气中粉尘粒度。

(3) 空气粉尘浓度。

(4) 工作人员身体健康状况。

粉尘中游离二氧化硅的含量越大,粉尘的粒度越细(小于$5 \mu m$),而且粉尘的浓度越大,则危害越大。

此外,如果皮肤沾染粉尘,阻塞毛孔,会引起皮肤病或发炎;粉尘进入眼睛会刺激眼膜,引起角膜炎,造成视力减退;粉尘吸入人体,会刺激呼吸系统,引起上呼吸道的炎症等疾病。

(二) 对矿井的危害

粉尘对矿井具有很大的危害性,表现在以下几个方面:

(1) 某些粉尘(如煤尘、硫化尘)在一定条件下会燃烧或爆炸。

(2) 作业场所粉尘过多,污染劳动环境,影响视线,影响效率,不利于及时发现事故隐患,降低工作场所能见度,增加工伤事故的发生。

(3)煤尘对爆破安全的危害。爆破一方面扬起积尘,另一方面产生新的煤尘,极易使空气中煤尘达到爆炸浓度。

(4)粉尘还会影响设备安全运行,加速设备的磨损,对矿区周围的生态环境、生活环境造成严重破坏。

三、煤尘爆炸

(一)煤尘爆炸的条件

(1)煤尘本身具有爆炸性,且悬浮于空气中并达到一定的浓度。一般来说,煤尘爆炸的下限浓度为 $30\sim40$ g/m³,上限浓度为 $1\,000\sim2\,000$ g/m³,其中浓度在 $300\sim400$ g/m³ 时爆炸强度最高。一般情况下,浮游煤尘达到爆炸下限浓度的情况是不常有的,但爆破、爆炸和其他震动冲击都能使大量落尘飞扬,在短时间内使浮尘量增加,达到爆炸浓度。因此,确定煤尘爆炸浓度时,必须考虑落尘这一因素。

(2)有引燃煤尘爆炸的高温热源。煤尘的引燃温度变化范围较大,随着煤尘性质、浓度及试验条件的不同而不同。我国煤尘爆炸的引燃温度在 $610\sim1\,050$ ℃之间,一般为 $700\sim800$ ℃。煤尘爆炸的最小点火能为 $4.5\sim40$ mJ。这样的温度条件几乎一切火源均可达到,如爆破火焰、电气火花、机械摩擦火花、瓦斯燃烧或爆炸、井下火灾等。

(3)足够的供氧条件。空气中氧气浓度不能低于 18%。当氧气的浓度低于 18% 时,单纯的煤尘爆炸就不能发生。

(二)煤尘爆炸的特征

1. 形成高温高压冲击波

煤尘爆炸火焰温度为 $1\,600\sim1\,900$ ℃,爆源的温度达到 $2\,000$ ℃以上,这是煤尘爆炸得以自动传播的条件之一。

2. 煤尘爆炸具有连续性

由于煤尘爆炸具有很高的冲击波,能将巷道中的落尘扬起,甚至使煤体破碎形成新的煤尘,导致新的爆炸,有时可如此反复多次,形成连续爆炸,这是煤尘爆炸的重要特性。

3. 煤尘爆炸的感应期

煤尘爆炸也有一个感应期,即煤尘受热分解产生足够数量的可燃气体形成爆炸所需的时间。根据试验,煤尘爆炸的感应期主要取决于煤挥发分含量,一般为40～280 ms;挥发分含量越高,感应期越短。

4. 挥发分减少或形成"黏焦"

煤尘爆炸时,参与反应的挥发分占煤尘挥发分含量的40%～70%,致使煤尘挥发分减少,根据这一特征,可以判断煤尘是否参与了井下的爆炸。

5. 产生大量的一氧化碳

煤尘爆炸时产生的一氧化碳,在灾区气体中的浓度可达2%～3%,甚至高达8%左右。爆炸事故中70%～80%的受害者,是由于一氧化碳中毒。

四、粉尘浓度规定

粉尘的分类方法很多。按其产生来源可分为原生粉尘和次生粉尘,按其存在状态可分为浮游粉尘和沉积粉尘,按其岩性可分为煤尘和岩尘,按尘粒的可见程度可分为可见粉尘(粒径大于10 μm)、显微粉尘(粒径0.1～10 μm)和超显微粉尘,还可分为爆炸性粉尘和非爆炸性粉尘、呼吸性和非呼吸性粉尘等。根据不同的目的和需要,可采用不同的分类方法。煤矿作业场所粉尘接触浓度管理限值判定标准见表3-1,生产性粉尘监测规定见表3-2。

表 3-1　煤矿作业场所粉尘接触浓度管理限值判定标准

粉尘种类	游离二氧化硅含量/%	呼吸性粉尘浓度/(mg/m³)
煤尘	≤5	5.0
岩尘	5～10	2.5
	10～30	1.0
	30～50	0.5
	≥50	0.2
水泥尘	<10	115

表 3-2　生产性粉尘监测规定

监测种类	监测地点	监测周期
工班个体呼吸性粉尘	采、掘(剥)工作面	3 个月 1 次
	其他地点	6 个月 1 次
定点呼吸性粉尘		1 个月 1 次
粉尘分散度		6 个月 1 次
游离二氧化硅含量		6 个月 1 次
定点总粉尘浓度	采、掘(剥)工作面	1 个月 2 次
	地面及露天煤矿	1 个月 1 次

五、煤矿井下防尘的有关要求

(1)矿井主要运输巷道,采区回风巷,运输斜井,运输平巷,采区上、下山,采煤工作面上、下平巷,掘进巷道,溜煤眼翻车机,输送机转载点等处均要设置防尘管路,运输斜井和运输平巷管路每隔 50 m 设一个三通阀门,其他管路每隔 100 m 设一个三通阀门。

(2)井下所有运煤转载点必须有完善的喷雾装置;采煤工作面进、回风巷,主要进风大巷,进风斜井以及掘进工作面都必须安装净化水幕,采煤工作面距上、下出口不超过 30 m,掘进工作面距迎头不超过 50 m。水幕应封闭全断面,灵敏可靠,雾化好,使用正常。

(3) 采煤机必须安装内、外喷雾装置。截煤时必须喷雾降尘，内喷雾压力不得小于 2 MPa，外喷雾压力不得小于 1.5 MPa，喷雾流量应与机型相匹配。如果内喷雾装置不能正常喷雾，外喷雾压力不得小于 4 MPa。无水或喷雾装置损坏时必须停机。液压支架和放顶煤采煤工作面的放煤口，必须安装喷雾装置，降柱、移架或放煤时同步喷雾。破碎机必须安装防尘罩和喷雾装置或除尘器。

(4) 掘进机作业时，应使用内、外喷雾装置，内喷雾装置的使用水压不得小于 3 MPa，外喷雾装置的使用水压不得小于 1.5 MPa；如果内喷雾装置的使用水压小于 3 MPa 或无内喷雾装置，则必须使用外喷雾装置和除尘器。

(5) 采煤工作面煤层注水，应符合《煤矿安全规程》第一百五十四条的要求。

(6) 定期冲刷巷道积尘，主要大巷每年至少刷白一次，主要进、回风巷至少每月冲刷一次积尘，采区内巷道冲刷积尘周期由各矿总工程师决定，有定期冲刷巷道的制度，并要有记录可查。井下巷道不得有厚度超过 2 mm、连续长度超过 5 m 的煤尘堆积（用手捏成团，经震动不飞扬不在此限）。

(7) 隔爆设施安装的地点、数量、水量、安装的质量符合有关规定；按《煤矿安全规程》规定要求，定期测定井下采掘作业地点的粉尘浓度，测尘合格率达 70% 以上。

(8) 井下煤仓放煤口、溜煤眼放煤口、输送机转载点和卸载点，以及地面筛分厂、破碎车间、带式输送机走廊、转载点等地点，都必须安设喷雾装置或除尘器，作业时进行喷雾降尘或用除尘器除尘。

(9) 在煤（岩）层中钻孔，应采取湿式钻孔。煤（岩）与瓦斯突出煤层或软煤层中瓦斯抽采钻孔难以采取湿式钻孔时，可采取干式钻孔，但必须采取捕尘、降尘措施，工作人员必须佩戴防尘保护用品。

（10）爆破作业地点，爆破使用水炮泥，爆破前后 20 m 范围洒水灭尘。

（11）采用人工上料喷射机喷射混凝土、砂浆时，必须采用湿料，并使用除尘机对上料口、余气口除尘。喷射前，必须冲洗岩帮；喷射后，应有养护措施。作业人员必须佩戴劳动保护用品。

六、个体防护

个体防护是指通过佩戴各种防护面具以减少吸入人体粉尘的最后一道措施。因为井下各生产环节虽然采取了一系列防尘措施，但仍会有少量微细粉尘悬浮于空气中，甚至个别地点不能达到卫生标准，因此个体防护是防止粉尘对人体伤害的最后一道关卡。

个体防护的用具主要有防尘口罩、防尘风罩、防尘帽、防尘呼吸器等，其目的是使佩戴者能呼吸净化后的清洁空气而不影响正常工作。

（一）防尘口罩

矿井要求所有接触粉尘的作业人员必须佩戴防尘口罩，对防尘口罩的基本要求是阻尘率高，呼吸阻力和有害空间小，佩戴舒适，不妨碍视野。普通纱布口罩阻尘率低，呼吸阻力大，潮湿后有不舒适的感觉，应避免使用。图 3-1 所示为矿用防尘口罩。

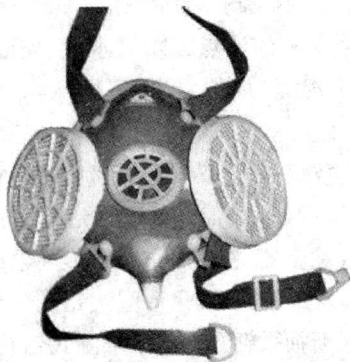

图 3-1　防尘口罩

（二）防尘安全帽（头盔）

中国煤炭科工集团重庆研究院研制的 AFM-1 型防尘安全帽（头盔），又称送风头盔（图 3-2），与 LKS-7.5 型两用矿灯相匹配，在该头盔间隔中，安装有微型轴流风机、主过滤器、预过滤器，面罩可自由开启，由透明有机玻璃制成，送风头盔进入工作状态时，环境含尘空气被微型轴流风机吸入，预过滤器可截留 80%～90% 的粉尘，主过滤器可截留 99% 以上的粉尘。经主过滤器排出的清洁空气，一部分供呼吸，剩余气流带走使用者头部散发的部分热量，由出口排出。其优点是与安全帽一体化，降低了佩戴口罩的憋气感。

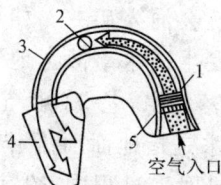

图 3-2 AFM-1 型防尘送风头盔结构示意图

1——微型轴流风机；2——主过滤器；3——头盔；4——面罩；5——预过滤器

AFM-1 型送风头盔的技术特征：LKS-7.5 型矿灯电源可供照明 11 h，同时可供微型轴流风机连续工作 6 h 以上，阻尘率大于 95%；净化风量大于 200 L/min；耳边噪声小于 75 dB。安全帽（头盔）、面罩具有一定的抗冲击性。

（三）AYH 系列压风呼吸器

AYH 系列压风呼吸器是一种隔绝式的新型个人和集体呼吸防尘装置。它利用矿井压缩空气在经离心脱去油雾、活性炭吸附等净化过程中，经减压阀同时向多人均衡配气供呼吸。目前生产的型号有 AYH-1 型、AYH-2 型和 AYH-3 型 3 种。

个体防护不可以也不能完全代替其他防尘技术措施。防尘是首位的，鉴于目前绝大部分矿井尚未达到国家规定的卫生标准的情况，采取一定的个体防护措施是必要的。

第四节　矿井水灾

一、矿井水的来源

矿井水的主要来源是地下水、地表水、大气降水、老空积水和生产用水。

（1）地下水。地下水是矿井水的主要来源。一般存在于含煤地层中各种不同岩层的孔隙或溶洞里，这些含有地下水的岩层，如石灰岩、砾岩层等，统称为含水层。当井下巷道或工作面穿越这些含水层时，地下水就会涌入矿井。如果含水层内水量较大，导水性良好，就可能会发生透水事故。地下水包括冲积层水，承压含水层水，断层水，陷落柱水，老空（塘、窑）水以及钻孔水。

（2）地表水。地表水是指地面河流、湖泊、水库、池塘等储存的水，在井下掘进巷道或回采过程中，覆盖在煤层上面的岩层受采动的影响，就会下沉，产生断裂和缝隙。如果矿井处在地表水体的影响范围之内，这些地表水就会沿着裂隙渗入矿井，开采煤层距地表水越近，地表水的影响就越大。

（3）大气降水。大气降水是地下水的主要补给来源。大气降水首先渗入地下含水层，采掘过程中含水层的水又涌入矿井。所以，大气降水是矿井水的间接来源。

（4）老空积水。老空积水是煤矿井下的采空区和废弃巷道里，由于长期停止排水而积存的地下水。如果巷道接近或遇到老空区，里面的积水就会涌出。当水突然涌出时，因水中携带着煤、岩碎块，有时还可能带出有害气体，而且来势凶猛，会造成透水事故，危害极大。在我国煤矿安全生产中，老空积水造成透水事故的危害性极大。

（5）生产用水。在煤矿生产过程中，需要大量的用水，如水采、洒水灭尘、煤体注水、防火灌浆、水砂充填等，因此生产用水也是矿井水的一个来源,如果管理不善或设备故障,也会造成水灾事故。

二、矿井水的危害

在煤矿安全生产过程中,矿井水有可利用的一面,但给矿井的安全生产也带来了不良的影响和危害,其危害主要表现在以下几个方面:

(1)恶化生产环境。巷道和采掘工作面出现淋水时,使空气湿度增大,恶化了劳动条件,影响劳动生产率和职工的身体健康。

(2)增加排水费用。由于矿井水的存在,生产过程中必须安设专门的管路、水泵等设备进行排水,增加了原煤成本和工作量。

(3)缩短生产设备的使用寿命。矿井水对各种金属设备、支架、轨道等均有腐蚀作用,会缩短其使用寿命。

(4)损失煤炭资源。当发生突然涌水或其水量超过排水能力时,轻则造成局部停产,重则造成淹井,危及井下作业人员的生命安全,并使国家财产受到损失。

三、矿井涌水量

矿井涌水量有矿井正常涌水量和矿井最大涌水量两个概念。

矿井正常涌水量是指在矿井开采期间,单位时间内流入矿井的水量。

矿井最大涌水量是指在矿井开采期间,正常情况下矿井涌水量的高峰值,单位为 m^3/min。

四、矿井透水预兆

(1)煤壁"挂红"。因为水中含有铁的氧化物,当水通过煤层或岩层时,铁的氧化物就会附着在表面形成暗红色水锈。

(2)煤壁"出汗"。当采掘工作面接近积水时,水在自身压力下通过煤岩裂隙在煤壁、岩壁上聚成许多小水珠的现象。

(3)空气变冷。因附近有积水温度降低,使巷道附近空气变冷,煤壁发凉,人进去后有阴凉感觉,时间越长感觉越强。

(4)发生雾气。当巷道内温度很高时,积水透到煤壁后,引起蒸发,而迅速形成雾气。

(5)"水叫"。井下的高压积水向围岩的裂隙强烈挤压与岩壁摩擦而发出"嘶嘶"叫声,说明采掘工作面距积水区很近,预示即将透水,这时必须发出警报,撤出受水患威胁的所有人员。

(6)底板鼓起或产生裂隙发生涌水。巷道靠近高压水体,使巷道底鼓产生裂隙或涌水。

此外,还有可能出现顶板淋水加大,顶板来压,发生片帮、冒顶,水色发浑,有臭鸡蛋气味等预兆。

五、探放水原则

煤矿井下水文地质条件错综复杂,在很多情况下,由于勘探手段和客观认识能力的限制,对井下含水情况掌握得还不够清楚,不能确保没有水害威胁。这样,就需要推断出水害威胁"疑似区域",对疑似区采取超前打钻措施,探明情况或将水放出,消除水患威胁。

《煤矿防治水规定》规定:矿井必须做好水害分析预报,坚持预测预报、有疑必探、先探后掘、先治后采的探放水原则。

第五节　顶板灾害

一、矿压基本知识

(一)矿山压力

1. 矿山压力的定义

矿山压力系指地下煤层开采后,破坏了原岩体应力的平衡状态,引起了岩体内应力的重新分布。在重新分布过程中,促使围岩产生运动,从而导致围岩发生变形、断裂、位移、垂直垮落。我们把煤层上覆岩层在运动过程中,对支架、围岩所产生的作用力,称为矿山压力。

2. 矿山压力显现

在矿山压力的作用下,会发生一系列的自然现象,如顶板下沉和垮落、底板的鼓起、片帮、支架的变形和损坏、充填物下沉压缩、煤岩层和地表移动、露天矿边坡滑移、冲击地压、煤与瓦斯突出等,这一系列现象称为矿山压力显现。

3. 顶板岩石垮落过程

当煤层中采掘出来空间后,顶板岩石因失去煤的支撑,首先出现下沉,产生裂纹,这个过程称为变形阶段;随后,裂纹扩大张开,顶板裂成块状,进入松动阶段,然后成块状垮落,称为垮落阶段。如果垮落空间不再扩大,顶板不再垮落而变形成拱形,即达到自然平衡,这个阶段称为拱平衡阶段或暂时稳定阶段。

4. 初次来压和周期来压

长壁采煤工作面自开切眼开始推进,一直到达终采线为止的整个回采工作期间,工作面矿山压力都不是均衡的。矿山压力的这种不均衡性,突出表现为工作面的初次来压和周期来压现象。

(1) 初次来压

采煤工作面自开切眼开始,向前推进到一定距离的时候,第一次出现矿山压力异常增大的显现,如顶板剧烈下沉、支架载荷突增、煤壁片帮严重、采空区有顶板断裂的闷雷声,有时伴随基本顶岩块的滑落失稳,导致顶板台阶下沉等现象。

采煤工作面初次来压时有以下特点:

① 由于基本顶的剧烈运动,使工作面顶板下沉量和速度急剧增加。

② 工作面支架受力猛增,顶板破碎,并出现平行煤壁的裂隙,甚至出现工作面顶板台阶下沉。

③ 煤壁片帮严重。

④ 基本顶因折断而垮落时,在采空区深处发出沉闷的雷鸣声,而后发生剧烈的响动,垮落有时还伴有暴风并扬起大量煤尘。

（2）周期来压

初次来压后,工作面暂时摆脱了基本顶失稳的影响,顶板状况大大好转,但随着工作面继续推进,基本顶悬露面积又不断扩大,便呈现出周期性的破断失稳,即基本顶将始终经历"稳定→失稳→再稳定"的变化,对工作面产生周期性的来压显现,称为周期来压。

工作面的初次来压和周期来压,不仅对工作面的顶板控制产生较大威胁,而且会使工作面的瓦斯涌出量增大,给工作面的通风和瓦斯安全管理带来较大困难。因此,在矿井通风和瓦斯管理中,必须掌握工作面围岩活动规律,以便及时采取应对措施。

（二）采空区处理

采煤工作面空间以内的顶板必须维护,维护宽度称为采煤工作面控顶距,控顶距以外的空间称为采空区。为降低顶板对工作面的压力,随工作面的推进要及时处理采空区。采空区的处理方法有垮落法、充填法、煤柱支撑法和缓慢下沉法4种。

1. 垮落法

垮落法是有步骤、人为地使采空区直接顶垮落下来（放顶工作）,从而减轻直接顶对工作面的压力,并利用垮落的岩石支撑上部未垮落的基本顶,它是一种非常经济、合理、方便,应用最广泛的采空区处理方法。

2. 充填法

充填法可分为局部充填法和全部充填法两种。局部充填法是用砌矸石带来支撑采空区的顶板,矸石可用挑顶或挖底的方法取得,也可以用煤层中的夹石。这种方法劳动强度大,煤层越厚越困难,仅适用于顶板不易垮落、采高较小的煤层。全部充填法是利用充填管路,将充填物（页岩、河砂等）送至由高粱秆（秫秸）

或尼龙帘子所围成的空间,我国抚顺矿区便是采用此法处理采空区的。

3. 煤柱支撑法

煤柱支撑法(又称刀柱法)是在采空区里按一定规律留煤柱支撑顶板,这种方法会使煤炭损失量增大,适用于顶板极难垮落、采高较大的中厚煤层。

4. 缓慢下沉法

缓慢下沉法是采用撤除采空区全部支护的方法,使顶板在垮落前靠本身的挠曲下沉与底板相接触。它适用于塑性顶板,当底板具有底鼓性质时更为适合。

二、冲击地压及其危害

冲击地压是煤矿的又一重大灾害。一般发生在顶、底板岩石和煤比较坚硬、矿压聚集程度很高的地带,多发生在正在掘进和已掘完的巷道中,其主要表现形式和特征如下:

(1) 突发性。发生前一般无明显预兆,发生过程短暂。

(2) 一般表现为煤爆(煤壁爆裂、小块抛射)。

(3) 破坏性大。往往造成煤壁片帮、顶板下沉、底鼓、支架折损、巷道堵塞及人员伤亡。

三、采掘工作面顶板控制

(一)局部冒顶前预兆

局部冒顶往往发生在工作面顶板完整、压力正常的情况下。局部冒顶一般有以下的预兆:

(1) 顶板岩石有裂缝和缺口,其中小矸石稍受震动就掉落(即掉碴)。

(2) 支架受力大,发出声响。金属支架活柱下降。

(3) 支架顶梁在支柱上错偏,顶梁上有声响,煤壁大片脱落片帮。

（二）敲帮问顶

在井下巷道、工作面，头顶上及两帮都是煤或岩石，悬空时，可能会掉下来，甚至会伤人。因此，工作地点必须有完好的支护，绝不能空顶作业。

井下冒顶、片帮是有预兆的，也是可以防止的。最简单、最可靠的办法就是敲帮问顶。操作方法如下：人站在安全的地方，用手镐由轻而重地敲击顶板和两帮，如有空声，表示顶板的石块或煤帮的煤块已离层，有可能立即掉下来，应立即用长把工具把悬空的石块或煤块撬下来。敲击时，如果发出清脆的声音，也不能完全断定顶板没有问题，还要用手托顶板，再用镐轻轻敲击一次。如果手感到有震动，就应立即在此处补设支架，把顶板支撑好，以确保安全。

（三）冒顶的处理措施

（1）当采掘工作面发生冒顶事故后，首先将人员撤离危险区域，并向调度室汇报，通知有关领导。

（2）发生冒顶事故后，班长应立即清点人数，发现有人被埋、压、堵时，要尽快探明冒顶区的范围和被埋、压、堵的人数及位置，积极组织抢救。

（3）发生冒顶事故后，要对冒顶区电缆、设备及有可能发生瓦斯超限的区域进行停电。

（4）积极恢复冒顶区的正常通风，如一时不能恢复，可利用水管、压风管等对被压、埋、堵的人员输送新鲜空气，并派专人检查该处的氧气浓度和有害气体浓度。

（5）在处理冒顶事故时，应先由外向里加固冒顶处周围的支护，消除进出口的堵塞物，尽快接近堵人地点进行抢救，必要时可以开掘通向遇险人员的专用巷道。

（6）遇有大块岩石威胁遇险人员时，可使用千斤顶等工具移动岩块，但要尽量避免破坏冒顶岩石的堆积状态，清理矸石时要小心使用工具,以免伤害受伤遇险人员。

　　(7) 处理大面积冒顶事故时,必须及时制定专门的安全技术措施。

思考题:

1. 简述瓦斯爆炸的预防措施。

2. 简述矿井透水的预兆。

3. 简述煤炭自燃的基本条件。

4. 简述如何做好防尘工作。

5. 简述冲击地压的概念及危害。

6. 简述局部冒顶的预兆及处理措施。

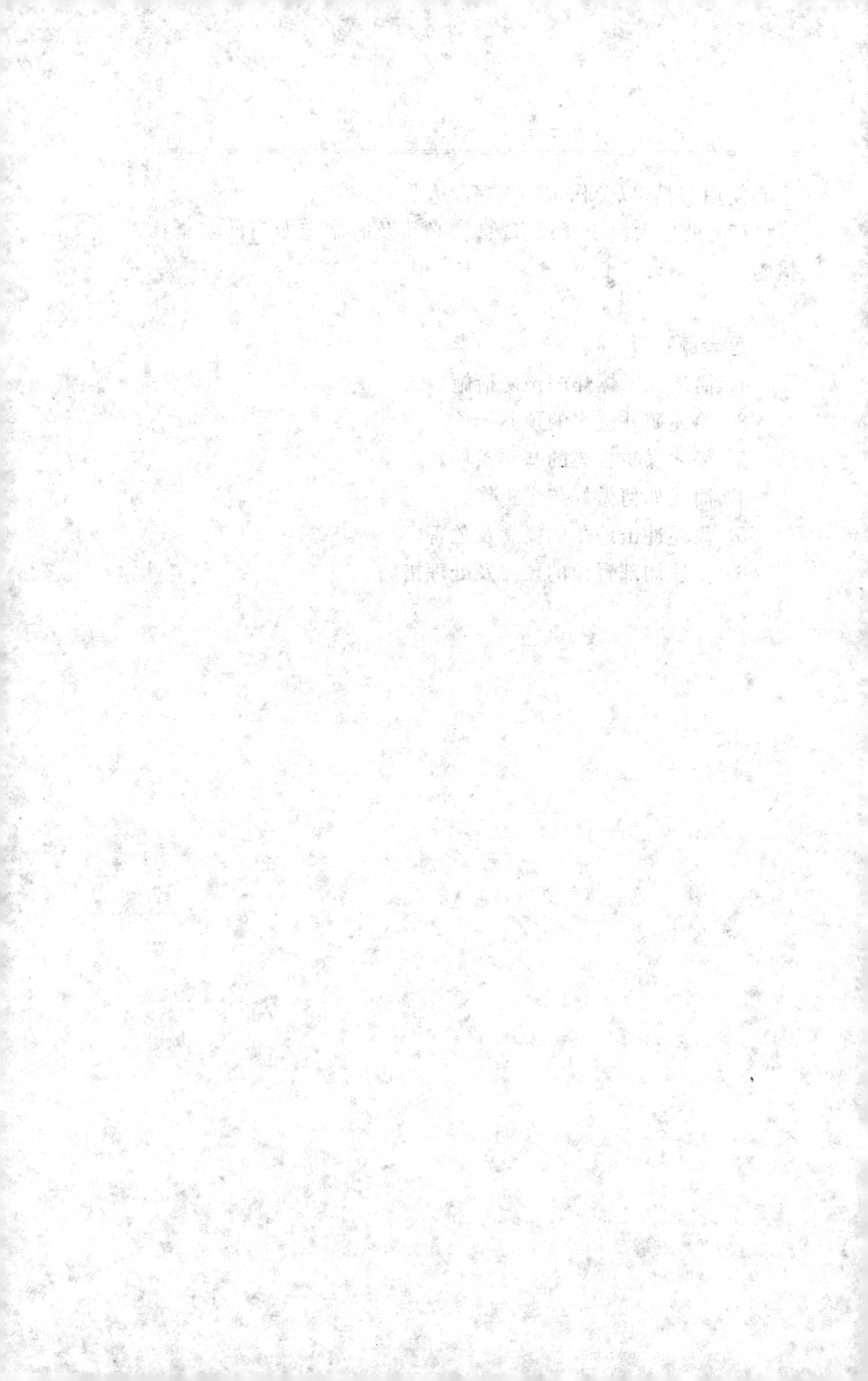

第二部分　中级工专业知识和技能要求

第四章　煤矿安全检查常用仪器、仪表

第一节　温度检测仪表

一、卡他计及操作要领

卡他计是一种检查气温、湿度和风速的综合作用的仪器，如图 4-1 所示，其下端为长圆形贮液球，长约 40 mm，直径约 16 mm，表面积为 22.6 cm²，内贮酒精，上端亦有长圆形的空间，以便在测定时容纳上升的酒精。卡他计全长约 200 mm，其上刻有 38 ℃和 35 ℃两个刻度，其平均值正好等于人体的温度。

卡他计操作要领：

（1）使用前，应先检查有无损坏的裂痕。

（2）卡他计应放在垫有柔软衬垫物的盒子里或专用抽屉内，不应放在坚硬物体上或加热设备附近。使用时应避免剧烈的震动及移动。

（3）卡他计在使用时，末端感温泡应完全浸入被测介质中，且不应碰到容器壁。

（4）卡他计必须保持清洁，用完后其表面不应留有被测物质。测定时，将卡他计先放入 60～80 ℃的热水中，使酒精上升至

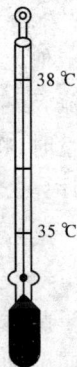

图 4-1　卡他计外形

容器的上部空间 1/3 左右处,然后取出抹干,挂在巷道风流中,此时酒精面开始下降,记录由刻度 38 ℃降至 35 ℃所需的时间,然后用下式求出卡他度:

$$H_干 = F/t_干$$

式中　　$H_干$——干卡他度(贮液器单位面积,每秒散热量),mcal $/(cm^2 \cdot s)$;

　　　　F——卡他计常数,每个仪器都具有不同的常数,其数值是贮液球在温度由 38 ℃降至 35 ℃时,每平方厘米的表面积上所散失的热量;

　　　　$t_干$——温度由 38 ℃降至 35 ℃所经过的时间,s。

干卡他计只能测出空气以对流、辐射形式散热的效果。如要测出对流、辐射及蒸发三者的综合散热效果,则要用湿卡他计测量。测量时,将贮液器包湿纱布后,按上述方法进行测定。湿卡他度的计算公式如下:

$$H_湿 = F/t_湿$$

式中　　$t_湿$——湿卡他计温度由 38 ℃降至 35 ℃所经过的时间,s。

由于蒸发作用,t 值变小,所以湿卡他度大于干卡他度。

不同劳动强度情况下所需要的干、湿卡他度值,对不同体质的劳动者来说是不相同的,应通过实际测定来确定。对从事井下中等强度的工作人员,比较舒适的干、湿卡他度分别为 8～10 和 25～30。

二、手摇干湿表

(一)工作原理

一定速度的空气流,流经两支并排的温度表,其中一只的水银球部缠以浸湿的脱脂纱布。由于纱布上水分的蒸发而使该温度表的温度下降,对比两支温度表(浸湿与未浸湿)的温度差,经查表换算,可求出空气的相对湿度、绝对湿度等。

（二）操作要领

（1）从仪器箱内取出手摇干湿表。

（2）检查各连接部分是否有松动的地方，温度表是否有断裂，毛细管顶部是否有水银滴。

（3）按下列程序扎上纱布：

① 切下一块清洁纱布，其宽度仅能遮住球部一层，相互重叠尺寸不超过 1.5～2 mm，其长度约较球部长一倍。为避免产生毛边，切纱布时应顺着线纱去切。

② 纱布用清洁蒸馏水润湿，并顺着球部放，使其上边缘超过球部上端颈部 2～3 mm，然后卷住球部。

③ 用丝线打一个圈，套在球部颈部之纱布上，扎紧后，切断多余线。

④ 拉紧纱布末端，整理边缘，并用丝线打成圈，套在球部的中部并轻轻地拉至球部末端，收紧扎住并切去多余线。

⑤ 切去多余的纱布，这时纱布应当紧紧地贴在温度表球部的壁上。

（4）用注水器内的蒸馏水润透湿球表球部的棉纱。

（5）观测员迎风而立，并选择周围无障碍物的地方，握住手把，将表举过颈部，以 150 r/min 的速度水平旋转。

（6）旋转 2 min 后，将干湿表垂直地放到与眼睛大致等高的位置上，用手遮住太阳，迅速读数。

（7）第一次读数后，继续旋转干湿表约 1 min，重新读数，如果两次读数相符，即将其记下，否则应重新旋转和读数，直到湿球表上湿度不再下降为止。

（8）读数时，应先读湿球表再读干球表，先读小数后读整数，禁止用手碰到温度表球部。

（9）根据订正后的温度读数，查表计算出相对湿度和绝对湿度。

（10）润湿脱脂纱布的水，只能使用蒸馏水，或者清洁的雪水，万不得已时才允许用过滤后的与煮沸的雨水，不允许用泉水或井水，因为它们会把盐分沉积在纱布上。

（11）纱布一般使用 50～60 次，但当发现有污垢时，应当立即更换。

第二节　气体检测仪器、仪表

一、光学瓦斯鉴定器

1. 准备工作

下井前应带齐光学甲烷检测仪（或甲烷检查仪）、长度不小于 1.5 m 的胶皮管、温度计、手册、圆珠笔、粉笔与其他规定的仪器、用具。

2. 仪器检查

领取光学甲烷检测仪后，检查仪器外观、电源、气密性等是否完好，下井后是否在新鲜风流中对基线。

（1）药品检查

要求药品装满、颗粒粒度均匀、大小适宜、药品颗粒直径一般为 2～5 mm。颗粒太大不能充分吸收所通过气体中的水分或二氧化碳，影响测值的准确性；颗粒过小容易堵塞，造成仪器畅通不良，甚至将药品粉末吸入气室内，吸附到气室平行玻璃上，影响通光，使仪器条纹不清晰。

水分吸收管（短管）：内装硅胶时，呈现为良好的光滑深蓝色颗粒，失效后为粉红色，严重失效时为不光滑粉红色；内装氯化钙时为良好的纯白色颗粒，大小均匀无粉末。失效后呈糨糊状，后变成固体。

二氧化碳吸收管（长管）：内装钠石灰时，呈现为良好的鲜粉红色，如果变成白色，呈粉末状态触摸不光滑时，说明药品已失效,必须更换。

（2）气密性检查

首先检查吸气球,用右手捏扁吸气球,左手捏住吸气胶管,如果吸气球不膨胀还原,说明吸气球不漏气;其次检查仪器是否漏气,将吸气球胶皮管与光学甲烷检测仪吸气孔连接,一手堵住进气孔,另一手捏扁吸气球,松手 1 min 后不膨胀还原,说明光学甲烷检测仪不漏气;然后检查气路是否畅通,放开进气孔,捏、放吸气球数次,气球瘪、起自如,说明完好。

如果漏气、气路不畅通,需要查明原因,进行处理,重新重复上述程序。

（3）干涉条纹清晰度检查

由目镜观察,按下按钮,同时旋转目镜筒,调整到分划板刻度清晰为止;再看干涉条纹是否清晰,如不清晰,取下光源盖,拧松灯泡后盖,调整灯泡后端小柄,同时观察目镜内条纹,直到条纹清晰为止,然后拧紧灯泡后盖,装好仪器。

（4）仪器校正

简单的校正办法是将光谱的第 1 条黑线对在零位上。如果第 5 条彩线正对在 7% 的数值上,表明条纹宽窄适当。否则应对仪器的光学系统进行调整。

（5）气室清洗

在进入工作地点前,必须在与测量现场温度相接近（温差不超过 10 ℃）的新鲜空气中按压吸气球 8～10 次,以清洗气室。

（6）零位调整

按下测微按钮,转动测微手轮,使刻度盘的零位与指标线重合,然后按下按钮,转动粗手轮,从目镜中观察,把干涉条纹中最黑的一条或两条黑线中的任意一条与分划板上的零位线对准,并记住对准零位的这条黑线,旋上护盖。

3. 读数的方法

按下光源电门,由目镜中观察黑基线的位置。如其恰与某整数刻度重合,读出该处刻度数值,即为瓦斯浓度;如果黑基线位于两个整数之间,则应顺时针转动微调螺旋,使黑基线退到较小的整数位置上。然后,从微读数盘上读出小数位,整数与小数相加就是测定出的瓦斯浓度。

用光学瓦斯检定器测定二氧化碳浓度时,要首先在靠近巷道底板 200 mm 处测出瓦斯浓度,然后去掉二氧化碳吸收管,再测定出瓦斯和二氧化碳混合气体的浓度,后者减去前者,再乘以 0.955 的校正系数,即为所要测定的二氧化碳浓度。

二、便携式甲烷检测报警仪

1. 仪器零位校正

在新鲜空气的环境下,打开电源开关,仪器经 15 s 稳定后,显示数若小于 0.03,说明仪器工作在零状态,不需校正;如果显示数大于 0.03,仪器的零位则需要校正。

2. 测量

仪器经上述检查、校正后,就可带入井下测量。测量时,打开电源开关,将仪器放至待测地点,15 s 后,仪器的显示数便是测定地点瓦斯的浓度。

3. 使用时的注意事项

(1)要注意保护好仪器,在携带和使用过程中严禁猛烈摔打、碰撞,严禁被水浇淋或浸泡。

(2)使用中发现电压不足时,应立即停止使用;否则将影响仪器的正常工作,并缩短电池使用寿命。

(3)热催化(热效)式甲烷检测报警仪不适合在含有硫化氢的地区,以及瓦斯浓度超过仪器允许值的场所中使用,以免仪器产生误差或损坏。

(4)对仪器的零点、测试精度及报警点应定期进行校验,使仪器准确、可靠。

三、甲烷传感器

（1）甲烷传感器应垂直悬挂在巷道上方风流稳定的位置，距顶板（顶梁）不得大于 300 mm，距巷道侧壁不得小于 200 mm，并应安装维护方便，不影响行人和行车。

（2）甲烷传感器、便携式甲烷检测报警仪等采用载体催化元件的甲烷检测设备，每 10 d 应使用标准气样和空气样进行调校，并有调校记录，每 10 d 应对甲烷超限断电功能进行试验，并有试验签字记录，安全监测仪器仪表按规定定期进行校验、检定。

（3）分站、传感器等装置在井下连续使用 6～12 个月应升井全面检修，井下装置的完好率应为 100%，装置的待修率不超过 20%，并有检修记录。

（4）井下各地点的甲烷传感器的报警浓度、断电浓度、复电浓度和断电范围应符合要求。

（5）甲烷传感器的使用注意事项：

① 甲烷传感器不能悬挂于有淋水的地点和积水上方；

② 在采用湿式打眼的时候，在风钻的水雾附近不可悬挂甲烷传感器；

③ 甲烷传感器不可悬挂于防尘喷雾的下风侧，在喷雾或洒水时，要避开甲烷传感器；

④ 甲烷传感器的悬挂要稳固、牢靠，不可使用雷管脚线悬挂，也不可置于底板上；

⑤ 在挪移甲烷传感器时要轻拿轻放，避免强拉硬拽或磕碰；

⑥ 甲烷传感器要悬挂于顶板完好处，其周边不可有危岩和活矸。

四、气体检定管

1. 测定原理

气体检定管由装有过滤材料和指示剂的封闭玻璃管组成。

　　当打开检定管两端封口通入气样时,过滤材料滤去灰尘和其他干扰气体,被测定气体与指示剂发生化学反应后指示剂变色。由于指示剂变色的长度或深浅与被测气体浓度有对应关系,因而在指定时间内通入指定量的气体后,即可从检定管上读出气体浓度。

　　检定管分比长式检定管和比色式检定管两种。测定不同气体的检定管内所装的指示剂不同。测定气体浓度时,需检定管(图 4-2)和抽气唧筒(图 4-3)配合使用。

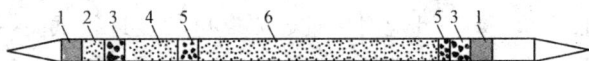

图 4-2　　比长式一氧化碳检定管结构示意图

1——堵塞物;2——活性炭;3——硅胶;4——消除剂;5——玻璃粉;6——指示剂

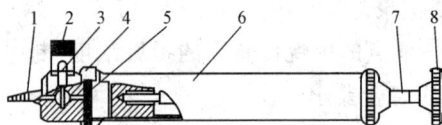

图 4-3　　抽气唧筒结构示意图

1——气嘴;2——接头胶管;3——阀门把;4——变换阀;5——垫圈;

6——活塞筒;7——拉杆;8——手柄

　　2. 使用时的注意事项

　　(1) 用抽气唧筒采气时必须用待测气体将原来存在的气体完全置换,否则会影响准确性。

　　(2) 检定管打开后应立即测定,以免影响准确性。

　　(3) 检定管打开后插入唧筒的检定管插口时,不能将检定管插反。

　　(4) 当被测气体浓度太低时,可增加送气次数,然后再观察结果。此时,实际浓度为直接读数再除以送气次数;当被测气体浓度过高时,可减少通气量。

　　(5) 当被测地点有毒有害气体浓度较高时,应采取防中毒措施。

（6）检定管应存放在阴凉处，不要碰破两端封口，否则不得使用。

（7）测定不同气体浓度时，应选取测定对应气体的检定管，不得混用。

3. 使用方法

（1）进入井下，携带的一氧化碳检定管应符合下列标准：

① 检定管唧筒活塞严密不漏气，推、拉润滑正常。

② 检定管在有效期内。

③ 温度计完好准确。

（2）测定一氧化碳时，应首先在预测地点先推拉活塞 3～5 次，以清洗取样唧筒，再抽取气样，并迅速将锥形阀杆打到 45°关闭位置，离开取样地点到安全位置。破开检定管两端，将其低浓度端插入唧筒胶座，将阀杆打到垂直位置，然后按检定管说明书所规定的时间推动活塞，使气体均匀地通过检定管。根据变色环的位置直接读出一氧化碳的浓度。

（3）根据被测气体中一氧化碳浓度选取合适的检定管。如果一氧化碳浓度高于检定管上限，也可以先稀释气体，然后再将结果扩大同样倍数即为被测气体中一氧化碳的真实浓度；如果一氧化碳浓度低于检定管的下限，则可增加送气次数，或用一支检定管连续测几次，将结果按送气次数缩小相同的倍数或除以测量次数，即为被测气体中一氧化碳的真实浓度。测量时，要尽量避开爆破时间，防止炮烟中一氧化碳的干扰。

（4）检查火区及可疑发火的地点时，必须两人同行，并且进入检查地点后，应先检查风流上风侧的瓦斯及一氧化碳浓度，然后逐步检查下风侧，按顺风方向进入检查区域。进入火区后，两人应相隔一定距离（5 m 左右），边检查边进入，并根据平时资料确定检查方式（是一步一检查还是几步一检查），禁止不经检查直接闯入。当发现有异常现象时，应立即退出，并设好栅栏、设置警标，同时汇报有关领导采取措施进行处理。

第三节　其他常用仪器

一、游标卡尺

1. 机械游标卡尺简介

游标卡尺是精密的长度测量仪器,常见的机械游标卡尺如图 4-4 所示。它的量程为 $0 \sim 110$ mm,分度值为 0.1 mm,由内测量爪、外测量爪、紧固螺钉、微调装置、主尺、游标尺和深度尺组成。

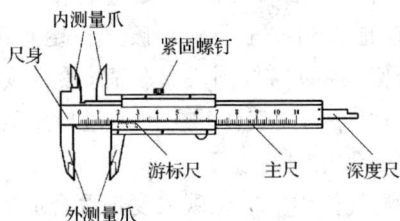

图 4-4　机械游标卡尺

$0 \sim 200$ mm 以下规格的卡尺具有测量外径、内径和深度三种功能,如图 4-5 至图 4-7 所示。

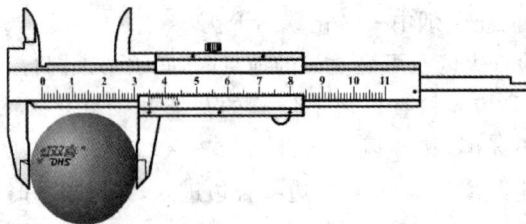

图 4-5　外径测量

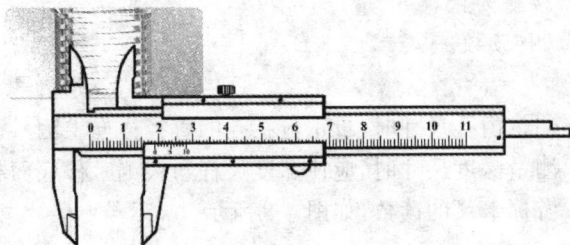

图 4-6　内径测量

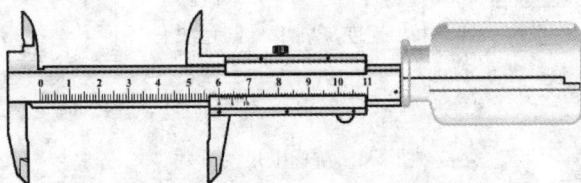

图 4-7　深度测量

2. 游标卡尺的零位校准

步骤一：使用前，松开尺框上的紧固螺钉，将尺框平稳拉开，用布将测量面、导向面擦干净。

步骤二：检查"0"位：轻推尺框，使卡尺两个量爪测量面合并，观察游标"0"刻线与尺身"0"刻线应对齐，游标尾刻线与尺身相应刻线应对齐。否则，应送计量室或有关部门调整。

3. 游标卡尺的测量方法（外径）

步骤一：将被测物擦干净，使用时轻拿轻放。

步骤二：松开千分尺的紧固螺钉，校准零位，向后移动外测量爪，使两个外测量爪之间距离略大于被测物体。

步骤三：一只手拿住游标卡尺的尺架，将待测物置于两个外测量爪之间，另一只手向前推动活动外测量尺，至活动外测量尺与被测物接触为止。

步骤四:读数。

注意:

(1) 测量内孔尺寸时,量爪应在孔的直径方向上测量。

(2) 测量深度尺寸时,应使深度尺杆与被测工件底面相垂直。

(3) 游标卡尺的读数,如图 4-8 所示。

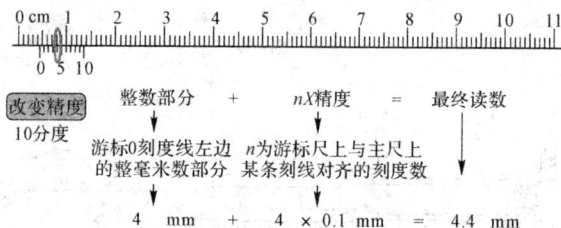

图 4-8 游标卡尺的读数

看清楚游标卡尺的分度。10 分度的精度是 0.1 mm,20 分度的精度是 0.05 mm,50 分度的精度是 0.02 mm;为了避免出错,要用毫米而不是厘米做单位。

(4) 看游标卡尺的零刻度线与主尺的哪条刻度线对准,或比它稍微偏右一点,以此读出毫米的整数值。

再看与主尺刻度线重合的那条游标刻度线的数值 n,则小数部分是 nX 精度,两者相加就是测量值。

(5) 游标卡尺不需要估读。

4. 游标卡尺的保养及保管

(1) 轻拿轻放;

(2) 不要把卡尺当做卡钳或螺丝扳手或其他工具使用;

(3) 卡尺使用完毕必须擦净上油,两个外量爪间保持一定的距离,拧紧固定螺钉,放回到卡尺盒内;

(4) 不得放在潮湿、湿度变化大的地方。

二、单体柱工作阻力检测仪

1. 使用方法

单体柱工作阻力检测仪是一种检测单体液压支柱初撑力(工作阻力)的仪器,主要是由表头U形卡、测体、顶针和压杆组成。使用时先将U形卡套在三用阀上,再将测体口插入U形卡上,旋转U形卡,使测体口与三用阀吻合在一起,然后稍加用力旋转压杆,并压下压杆,此时顶针恰好打开三用阀内的球形单向阀,使支柱内液体压力等值地沿测体内顶针周边传入压力表,即可从表头上读出支柱的初撑力(工作阻力)值。

2. 使用注意事项与维护

(1) 使用前应检查测体口内橡胶垫圈是否平整,如安放不平整易从测体口处向外漏液。

(2) 从顶针后端漏液,是O型密封圈损坏变形,这时可拆下压杆,将顶针从尾部拉出,更换O型密封圈。

(3) 表头漏液可用6号梅花扳手上紧表头。

(4) 如表头无压力显示,有几种可能:一是由于压力表拧得过紧使密封圈变形堵塞,阻止了液体压力传递。这时可拆下表头及防护罩更换密封圈。二是由于顶针长度不够,或顶针与三用阀配合不好,打不开三用阀,这时需更换顶针。顶针长度不够是由于三用阀规格不同造成的。因此,订货时最好事先说明三用阀规格(如:是否是防飞安全三用阀等)。三是由于枪口平垫与顶针配合过紧,可反复用力压动压杆,直至压力表显示压力。

(5) 旋转压杆时不要特别用力(只需稍加用力),以免损坏压杆。

(6) 表头表针不回零位,并不影响测量精度,这主要是由于测体内液体张力造成。

(7) 顶针应定期拆下擦抹黄油,以防锈蚀。

三、顶板离层仪

1. 顶板离层仪的原理

顶板离层指示仪是将顶板孔内多个固定装置随岩层变化的值通过测量钢丝绳反映到设在顶板表面的测读数装置上,通过顶板不同层位的位移差,判断出巷道顶板的稳定性和锚杆的支护效果。

2. 顶板离层仪的结构

顶板离层仪由孔口固定器、测量钢丝、孔口盘和测读数装置四部分组成。

(1)孔内固定器采用弹簧抓爪式结构。

(2)测量钢丝由柔软弹性小的多股细钢丝连接内固定器与测读数装置。

(3)测读数装置由两个带有刻度标志的半圆钢条组成。

(4)孔口盘由塑料圆盘和塑料管组成,圆盘的作用是导泄孔内水,圆管是读数装置的基准点。

3. 顶板离层仪的安装

为了准确反映顶板变化情况,顶板离层仪要紧跟工作面迎头安装,在安装后工作面 50 m 内的离层仪要每班进行观测记录。其安装步骤如下:

(1)用锚杆钻机 ϕ28 mm、ϕ42 mm 钻头打 8 m 深的孔。

(2)深部基点:用安装杆将深部基点锚固器推入孔中,直至孔底,抽出安装杆后,手拉一下钢丝绳,确认锚固器已卡住,深部基点锚固器应固定在顶板 8 m 以上处。

浅部基点:用安装杆推入浅部基点锚固器至 5 m 处,抽出安装杆后用手拉一下钢丝绳,确认锚固器已固定住。

(3)对准刻度:将粗读数筒和孔口套管下边缘对齐,将其绳卡卡死,并截去多余钢绳;将细读数筒与粗读数筒下边缘对齐,将其绳卡卡死,并截去多余钢绳。为方便统一,细筒和粗筒的基读数值都设置在 10 mm 处。

4. 顶板离层仪的使用规定

（1）巷道每隔 50～100 m 安设一个顶板离层仪；离层仪安装位置距迎头不得超过 1.5 m，否则无法捕捉顶板离层的全过程。

（2）钢绳应事先盘好，推入锚固器时逐圈展开，以防纠缠打结。

（3）浅部基点锚固器一定要准确定位，为此可提前在安装杆上做好标记。

（4）安装后，两个刻度坠均应处于自由悬垂状态，不得有任何卡阻现象。

（5）施工区队要将顶板离层仪的设置、安装、显示标志牌的挂设纳入巷道施工的责任制。如巷道每隔 50～100 m 设 1 个顶板离层仪，遇断层间距取最小值为 50 m。

（6）在锚杆巷道施工中，如发现某处顶板有较明显变化和顶板离层值较大时，应及时停止巷道掘进，对该处采取加打锚索的措施，加强支护。

四、锚杆拉力计

1. 操作步骤

（1）取下千斤顶、手动液压泵、高压胶管上的防尘帽，并用清洁布擦净接头，防止污物进入油路内，然后再使用千斤顶、手动液压泵柱塞降至最低位置，然后把高压胶管两端的接头插入千斤顶和手压泵的插孔内，并插好 U 型卡。

（2）拧紧手动液压泵上的卸载阀，再拧下贮液筒上的注油螺钉，向贮液筒中注入 N32 液压油，注满后拧紧注油螺钉。

注意：第一次加油时应加满贮液筒，连续工作时一般不加注油，必要补充时不要过量加油，以免造成卸载后千斤顶不能复位。

（3）将锚杆接头拧紧到测试锚杆末端，再套上支承筒和千斤顶（使千斤顶活塞伸出朝内），最后拧紧螺母。

（4）将手动液压泵上卸载阀拧紧，然后均匀地上下摇动手动液压泵杆,使千斤顶加压并注意压力表读数,达到要求数值后停止加压。

(5)检测完毕后,应慢慢地松开卸载阀,以免损坏压力表,待指针归零。千斤顶活塞全部缩回,再把各部件从锚杆上卸下,卸下高压胶管,套上防尘帽。

(6)贮油筒内的过滤网在使用一段时间后,应卸下并用干净的煤油清洗,以免过滤网堵塞影响油路畅通。

2. 使用注意事项

(1)煤矿用锚杆拉力计以液压为动力,使用中不得超过额定张拉力,停机时应可靠地关闭进液阀门,防止误操作开启,以免发生意外事故。

(2)锚杆拉力计连接的液压软管应符合煤炭行业标准的规定,应使用具有矿用产品安全标志的液压软管。液压软管与锚杆拉力计的连接应牢固、可靠,严防接头突然松脱或软管突然爆裂造成人员伤亡事故。

(3)工作时,要随时注意观测顶板状况,防止顶板突然冒顶或碎石下落等砸伤操作人员。

(4)使用时,操作人员要注意拉力值调整适当,并在工作中集中精力,防止液压缸夹紧机构突然滑脱造成意外伤人事故。

(5)锚杆拉力计液压系统的工作介质采用矿物油,工作油温不得超过65℃。为防止引起火灾,严禁液压系统在渗漏状态下工作;对渗漏在井下工作场所的矿物油,应及时清理和掩埋。

(6)锚杆拉力计是高压机具,为防止意外伤人事故,拆装任何液压件时,均应在油泵停机并使液压件卸载后进行。

(7)锚杆拉力计的拉力值指示表须由法定允许计量仪表制造单位生产,不得随意更换,并应按规定对拉力值指示表进行定期检定,不得使用不符合要求的拉力值指示表。

(8)锚杆拉力计应保持液压系统清洁,油缸用完应将活塞缩回,应经常在活塞杆内外径上加油,防止生锈,油嘴接头应注意防尘和防磕碰。

（9）应经常使用干净的煤油清洗油筒及管路,以保证拉力计的正常工作,延长寿命。

（10）锚杆拉力计使用完毕后应戴上防尘帽。

（11）要注意保护好接头,不要碰伤,以免影响密封和正常工作。

（12）高压胶管每年要做一次打压实验,防止软管老化发生意外。

（13）为提高拉力计指示表的使用寿命,工作时张拉力不得超过额定张拉力。

五、力矩扳手

1. 使用方法

（1）解锁:单手握住手柄,并朝手柄方向拉动锁环。

（2）转动手柄,直到手柄上部的"0"刻度与所需设置力矩值所对应的中线重合。

（3）若所需扭力值在两个示值之间,则继续转动手柄,直至扳手杆上示值与手柄上示值之和等于所需设置扭力值。

（4）释放锁环,扳手被锁紧。

（5）将套筒紧密安全地固定于力矩扳手的方头上,然后将套筒置于紧固件上,不可倾斜。施力时,手紧握住手柄中部,并以垂直力矩扳手、方头、套筒及紧固件所在共同平面的方向用力。

（6）拧紧紧固件时,请注意均匀平衡施力于力矩扳手手柄上。随着阻力的不断增加,施力的速度应相应放缓。当听到"咔哒"声响后立即停止施力。

2. 注意事项

（1）力矩扳手须由专人保管及操作,每年进行校准以保证其精度。

（2）操作扳手设置扭力前,请务必拉动锁环使之处于解锁位置。当锁环处于锁紧状态时,切勿转动手柄。

（3）选择使用范围内的力矩扳手，且严格按照"螺栓紧固作业指导书"的要求，设置力矩及紧固。

（4）使用或长期未使用的力矩扳手需再次使用时，务必以高扭力操作 5～10 次，以使其中精密部件能得到内部特殊润滑剂的充分润滑。

（5）握紧手柄的姿势。握紧手柄，而不是扳手杆，然后平稳地拉扳手。严禁施加冲击力，否则除对扳手造成损害外，还会超出设定的扭力值，损坏螺母或工件。

（6）增加施力时，必须维持方头、套筒及紧固件在同一平面上，以保证扳手在发出警告声响后读数的准确性。使用力矩扳手时，切勿倾斜扳手手柄。倾斜扳手手柄易导致扭力偏差甚至损坏紧固件。

（7）达到预置扭力时继续施力，当听到"咔哒"声响后立即停止施力以保证精度，延长使用寿命。在扭力值较低时，需特别注意"咔哒"声响。

（8）扭力扳手的尾端加接套管。不得使用力矩扳手去拆卸紧固的螺栓或螺母。

（9）扳手应避免接触水或尘土，切勿将扳手置于液体中，以免损坏其他部件。长时间不用时，需将力矩扳手设置在最低扭力值上。

思考题：

1. 简述游标卡尺的使用方法。

2. 简述单体柱工作阻力检测仪的使用方法和注意事项。

3. 简述顶板离层仪的使用规定。

4. 简述锚杆拉力计的操作步骤和使用注意事项。

5. 简述力矩扳手的使用方法和注意事项。

第五章　煤矿安全检查

第一节　煤矿安全检查的依据和方式、方法

一、煤矿安全检查的依据

煤矿井下采煤、掘进、机电、运输和提升以及"一通三防"等各个生产环节专业性很强,应遵守的安全法律法规涉及面比较广。现仅就一些主要的法律法规,也就是安全检查工作中应遵循的检查依据介绍如下。

1. 全国人大颁布的法律

《煤炭法》、《矿山安全法》、《矿产资源法》、《劳动法》、《职业病防治法》、《安全生产法》等。

2. 国务院颁布的法规

《中华人民共和国矿山安全法实施条例》、《生产安全事故报告和调查处理条例》、《乡镇煤矿管理条例》、《安全生产许可证条例》、《民用爆炸物品管理条例》、《国务院关于预防煤矿生产安全事故的特别规定》、《煤矿安全监察条例》等。

3. 国家煤矿安全监察局发布的各项规定

《煤矿安全规程》、《安全生产事故隐患排查治理暂行规定》、《职业安全健康管理体系审核规范实施指南》、《煤矿作业场所职业危害防治规定(试行)》、《特种作业人员安全技术培训考核管理规定》、《煤矿领导带班下井及安全监督检查规定》等。

就煤矿各生产系统米讲,安全检查的依据主要是《煤矿安全

规程》、《煤矿生产基本条件》和《煤矿安全质量标准化及考核评级办法(试行)》。

4. 采煤系统

(1)原煤炭工业部发布的《关于加强顶板管理的若干规定》。

(2)原煤炭工业部发布的《关于编制回采工作面初次放顶和掘进贯通安全措施计划的若干规定》。

(3)原煤炭工业部发布的《综采工作面安全技术规定》。

5. 掘进系统

(1)《煤矿测量规程》。

(2)《防治煤与瓦斯突出规定》。

(3)《冲击地压安全开采暂行规定》。

(4)《关于加强顶板管理工作的若干规定》。

(5)原煤炭工业部第 4、5、9、10 号安全指令。

6. 运输系统

(1)《矿井窄轨铁路安全运输的若干规定》。

(2)《关于加强矿井轨道运输安全工作的命令》。

(3)《矿井轨道运输施工防护办法》。

(4)《斜井(巷)提升兼作人行道时的安全措施》。

7. "一通三防"系统

(1)《防治煤与瓦斯突出规定》。

(2)《矿井通风安全检查装置使用管理规定》。

(3)《关于采掘顶板管理、"一通三防"和矿井运输等的有关规定》。

(4)《关于编制采煤工作面初次放顶和掘进巷道贯通安全措施计划的若干规定》。

(5)《关于加强掘进通风管理,严防瓦斯、煤尘爆炸事故的紧急通知》。

(6)原能源部 1988 年发布的安全生产指令第 1 号和 1992 年

安全生产指令第 2 号。

（7）原煤炭工业部 1980～1988 年发布的安全生产指令第 1、3、5、6、7 号。

（8）原煤炭工业部 1994 年发布的安全生产指令第 3 号。

二、安全检查的方式

安全检查通常采用以下几种方式。

1. 日常检查

日常检查,不仅是进行安全检查,而且是职工结合实际生产接受安全教育的好机会。这种检查方式是由各基层班（组）长或安全检查工督促做好班前准备工作和检查交班前的交接验收工作。督促本班组成员认真执行安全规章制度和岗位责任制度。安全检查工应在各自业务范围内,经常深入现场,进行安全检查,发现问题,及时督促有关部门加以整改。

2. 定期检查

定期检查是每隔一段时间进行的一次安全检查。一般包括周检查、旬检查、月检查、季度检查、年度检查和节日前检查。

3. 专业性检查

专业性检查是指按专业系统,针对一个时期安全生产实际情况或上级指示精神,开展的专业系统检查,如采掘、机电、运输和"一通三防"等专业对口检查。专业性检查以安全人员为主,吸收与检查内容有关的技术人员和管理人员参加。

4. 不定期检查

不定期检查是指不定时、不定点、不通知或临时通知的抽查等各种检查。不定期检查一般由上级部门组织进行,带有突击性,从中可以看到安全生产的真实面貌,以便采取针对性措施,确保安全生产。

5. 连续性检查

主要对新设备、新工艺的使用,新工作面的投产,火区启封,新建或改建工程等,可能会引发新的不安全因素的不间断检查,也包括对事故多发区域工种进行蹲点检查。这种连续性检查的目的就是随时发现问题,随时解决问题。

三、安全检查的方法

煤矿安全检查常用的方法有以下几种。

1. 实地观察

深入现场,靠直觉、凭经验进行实地观察。如看、听、嗅、摸、查的方法,看一看外观变化,听一听设备运转是否有异常,嗅一嗅有无泄漏和有毒气体放出,摸一摸设备温度有无升高,查一查危害因素。

2. 汇报会

上级检查下级,往往在检查前先听取下级自检情况的汇报,提出问题,安排解决。或者对一个单位检查完再开一个通报会,要求被检查单位对检查出来的问题限期解决。

3. 座谈会

在进行内容单一的小型安全检查时,往往以开座谈会的方法,同有关人员座谈讨论某项工作或工程的经验和教训。

4. 调查会

在进行安全动态调查和事故调查时,往往把有关人员和知情者召集到一起,逐项调查分析,提出措施对策。

5. 个别访问

在调查或检查某个系统的隐患时,为了便于技术分析和找出规律,了解以往的生产运行情况,需要访问有经验的实际操作人员,通常采取走访方式,使调查和检查工作得到真实情况及正确结论。

6. 查阅资料

检查工作要做深做细,便于对比、考察、统计、分析,在检查中必须查阅有关资料,表扬好的,批评差的,实施检查职能。

7. 抽查考试和提问

为了检查企业的安全工作、职工素质、管理水平,可采取对职工个别提问、部分抽查和全面考试,检验其真实情况。

四、煤矿安全检查的基本要求

安全生产检查应认真对待,使检查活动真正能起到作用,切忌走过场、流于形式。现场生产单位最讨厌徒有其名、流于形式、名目繁多的各种检查,那种劳民伤财、不解决实际问题的"走马灯"式的检查是企业管理的一大弊端。安全检查是担负重要使命的严肃工作,要有严格的要求、严明的纪律和明确的目的,绝不能徒有虚名、不讲效果,把检查活动变成给基层增加负担、带来麻烦的"扰民活动"。对被检查的单位来讲,对安全检查活动也要认真对待,要对查出的问题认真整改,绝不能表面上欢迎,实际上应付。在检查中,对老检查、老问题、老"三定整改"、老不改的"四老"问题,一定要追究责任;对因未整改而造成事故的,要从严追究,依照有关法律法规严肃处理。

煤矿安全检查的基本要求如下:

(1) 安全大检查时,必须有被检查单位安全生产第一责任者在现场验收检查。检查要认真严格,不能讲情面、走过场、走形式。

(2) 每次检查要有准备、有重点、有针对性。

(3) 要下决心解决问题。首先对发现的重大隐患,要坚决停产处理,不消除重大隐患不生产。对查出的问题,要分析原因,追究责任,要批评教育,要检查按制度规定办事,不徇私情,要严格依章办事,严肃处理;对一时解决不了的问题,要落实整改的时间、措施和责任者,即"三定处理"。对发现的隐患问题,要填写"安全监察人员意见书"(一式三份),送交被查单位和安全管理部门各一份,并按事故隐患排查制度认真整改和复查。

(4) 检查时要做好记录,检查结束后要写出书面总结报告和填写"安全大检查整改安排表",交有关单位研究整改,并作为效果复查的依据。

事实证明,安全检查后的跟踪复查,往往更能起到督促整改的作用。所以,复查不仅是必要的,而且是防止安全检查流于形式的一个重要措施。

第二节　煤矿安全检查的内容

煤矿企业安全检查的内容一般包括以下几个方面:一是对企业各级领导干部贯彻"安全第一、预防为主、综合治理"方针情况的检查;二是对各级组织安全管理工作情况的检查,如法律法规的执行情况,管理部门落实"三同时"、"五同时"、"四不放过"等制度的坚持情况;三是对生产现场的安全检查,如检查生产场所及作业过程中是否存在操作人员的不安全行为、机械设备的不安全状态以及不符合安全生产要求的作业环境等;四是检查隐患整改情况。以上内容随着检查形式或检查规模的不同,可有所侧重。

由上级组织的安全大检查和煤矿企业自身的定期安全检查,应着重检查以下几个方面:

(1)查领导思想。即检查企业各级领导对安全生产工作是否有正确的认识,是否真正关心职工的安全与健康,是否认真贯彻了党和国家的安全生产方针、政策和法律法规,批评、查处各种忽视职工安全与健康、违章指挥等错误的思想行为。

(2)查制度。即监督检查企业各级领导、各个部门、每个职工的安全生产责任制是否建立、健全并严格执行;各项安全制度是否认真执行;安全组织机构是否健全,安全员是否真正发挥作用;对发生的事故是否认真调查、及时报告、严肃处理,是否做到了"四不放过"等。

(3)查纪律。即检查生产过程中的劳动纪律、工作纪律、操作纪律。生产岗位上有无迟到、早退、脱岗、串岗、打盹睡觉现象;有无在工作时间干私活，做与生产工作无关的事；有无不按规定穿戴劳动防护用品；有无在禁烟区域吸烟现象；有无违反操作规程、操作方法，在施工中违反规定和禁令等。

（4）查管理。即企业安全机构的设置是否符合规定，目标管理是否落实，安全管理工作是否做到了制度化、规范化、标准化和经常化。

（5）查隐患。即检查人员深入现场，检查作业环境、生产设备和相应的安全设施是否符合有关规定。例如，采掘工作面的支护情况，矿井"一通三防"情况，采掘工作面安全出口是否畅通，机电设备的防爆、防漏电是否符合要求。特别是重点部位和重点设备，如主要通风机机房、爆破器材库、变配电所、压风机房、锅炉房、绞车房等，都要认真检查。

（6）查事故处理。即检查单位和部门对工伤事故以及重大非伤亡生产事故和未遂事故，是否按规定及时报告、认真调查、严肃处理，有无隐瞒包庇、大事故小报、重伤轻报现象；检查防治同类事故重复性发生的防范措施是否认真落实；在事故调查处理中是否真正做到了"四不放过"。在检查中如果发现未按"四不放过"要求，草率处理事故，要重新严肃处理。从中找出原因，追究有关责任，采取有效措施，防止类似事故重复发生。

思考题：
1. 安全检查通常采用哪几种方式？
2. 安全检查通常采用哪几种方法？
3. 煤矿企业安全检查的内容一般包括哪几个方面？

第六章 煤矿生产系统的安全检查

第一节 采煤系统的安全检查

在煤矿生产过程中，各类事故多集中发生在采煤作业区域，并以顶板事故最为突出。因此，采煤作业是煤矿安全检查工作的重点之一。

一、采区系统的安全检查

采区系统安全检查的重点，一是检查采区系统是否完善、安全可靠；二是检查采区设计、作业规程、采掘衔接关系以及相应的生产技术资料是否符合有关规定。

采区系统安全检查的具体内容包括以下几方面。

1. 生产技术资料的检查

（1）检查采区地质资料是否齐全。如应掌握适合于采煤工作面布置的煤层赋存，煤质硬度，煤层倾角，夹石、断层构造，顶底板岩性，水文地质，瓦斯涌出量等地质情况以及相应的等高线图、等厚线图、地质构造剖面图和煤层柱状图。

（2）检查采区是否有规范的采掘工程平面图、工作面衔接方案。

（3）检查采区是否有矿山压力预测预报资料。

（4）检查采区是否有大小断层预测预报资料。

2. 采区设计的检查

（1）检查采区系统是否有由矿总工程师负责组织、局总工程师批准的采区设计方案。

（2）检查采区设计是否符合采区设计方案，并经矿总工程师批准，没有批准的设计不准施工。

（3）检查采区设计内容是否齐全，并符合有关规定，尤其是在高瓦斯，有可能发生煤与瓦斯突出、冲击地压、自然发火和水患等自然灾害的煤层中布置采区或综采工作面时，必须在设计中提出安全生产的具体措施。

（4）采区设计是否组织贯彻实施。

3．作业规程的检查

（1）每一采煤工作面必须有符合工作面实际情况的作业规程，严禁沿用或套用旧的作业规程。

（2）作业规程是否经矿总工程师批准，综采作业规程是否报（集团）公司备案，无作业规程或作业规程未经批准不准施工。

（3）作业规程内容是否完善和符合有关规定。

（4）作业规程审批后，是否组织全体员工学习贯彻，考试不及格不准上岗作业。

4．生产衔接的检查

应全面制定采区或工作面衔接表，分析其可行性，严格控制采掘比例，严格按设计施工，做到按期正常衔接。

5．采区系统的检查

（1）检查采区实际系统与采区设计是否符合。

（2）检查采煤、运输、通风、供电、通信等系统是否健全。

（3）采区、采煤工作面是否具备 2 个以上畅通无阻的安全出口，采煤工作面无法保证具备 2 个以上安全出口时，是否经矿总工程师批准了。

（4）巷道断面尺寸是否符合作业规程的规定。

二、采煤辅助系统的安全检查

采煤工作面是煤矿主要生产场所，工作面采出的原煤，经过输送机运到煤仓或装车点,装入矿车运往井外。与采煤工作面相配套的辅助系统,一般由回风平巷(为运煤、进风所用)、煤仓、装车点以及分布其间的各种设备设施组成。安全检查工作实际上是从一个入口检查进入系统检查,工作面是检查工作的重点。

1. 装车点的检查

无论是较大型煤矿还是小型煤矿,采煤工作面辅助系统终点都是装车点。装车点在运输大巷或盘区运输大巷。装车点应该有正规设计,其巷道宽度、高度、轨道布置、人行道宽度、装车操作平台、车辆调度方式及设备、架线高度、照明设备、通信、信号设备都应该在设计中明确规定并符合设计施工要求。

在对装车点进行安全检查时,要对照下述设计要求和规程规定进行逐项检查。

(1)巷道宽度:在装车点车场范围内,巷道两侧人行道宽度应不小于 1 m。在双轨巷中每股道上车辆外沿间距不少于 0.7 m。

(2)架线高度应不小于 0.2 m。

(3)照明齐全,信号、通信设备齐全有效。

(4)调度绞车安装设置合理,绞车的稳固、防护、信号、操作、控制设施齐全有效、灵活好用,钢丝绳符合要求。

(5)装车平台应高出轨面 0.5 m,宽度不小于 0.6 m,长度不小于 1.6 m,距矿车外沿距离不小于 0.4 m,以便于装车工操作和查看车内情况。装车时必须逐车查看,以防装煤埋人和埋设备。

(6)装车点的给煤机或煤仓漏斗挡板完好灵活。

(7)调度绞车司机、装车工应持证上岗。

(8)煤仓如有堵塞卡仓,不准探头进入观察,更不准探身或进入仓内捅仓。

(9)煤仓堵塞如需爆破必须制定专门措施,经矿长批准,并且使用被筒炸药,严格执行瓦斯检查等规定,严格执行专门措施。

(10)煤仓上口必须有栅栏,防止人员坠入。煤仓上口要有防水灌入煤仓的措施,如砌筑挡水围墙等。

(11) 煤仓堵塞不准从上面用水冲。如果煤仓灌水,必须编制专门处理措施,严防溃仓事故发生。

(12) 装车点要有洒水灭尘设施,并认真进行洒水灭尘,防止煤尘飞扬。

(13) 为防止风流紊乱和防尘,应防止放空煤仓。有涌水的煤仓可以放空,但闸板必须关闭,并设引水管。

(14) 装车点应有清扫制度,保持装车点清洁卫生,无浮煤堆积、无积水、无杂物,做到文明生产。

2. 运料回风平巷的检查

运料回风平巷一般在工作面上山方向,巷道内一般都铺设轨道(或单轨吊车道)和与其相配套的矿用绞车及其供电控制设备和信号设备;综采工作面还配备有移动变电站、乳化液泵站、水泵、工作面机械的电气控制设备及集中操作控制台等系列设备和小型备件库房;炮采工作面、普机采煤工作面和高档采煤工作面还配备有慢速回柱绞车等。所有采煤工作面的回风运料平巷内都铺设有供(或排)水管路、供电电缆、信号电缆、通信电缆以及(高瓦斯矿)瓦斯监测电缆及瓦斯监测探头、空气净化水幕、隔排水(袋)棚、煤层注水装置(钻机、注水管、水表)等。巷道环境的安全状况和这些设备的完好状况、防爆性能,都是安全检查项目,应重点检查的项目如下:

(1) 通风管理方面。检查风流风速是否正常。如发现风速减小、风流气温异常,要立即查明原因找出问题并及时排除。

(2) 瓦斯管理方面。检查专职瓦斯检查员的检查工作情况,查看瓦斯牌板记录,用便携仪现场检测瓦斯浓度,查看瓦斯监测探头安设位置及隔爆水棚(袋)完好状况,发现问题查明原因。

(3) 煤尘管理方面。主要检查浮尘和积尘情况,掌握除尘制度和措施执行情况及存在问题。查看煤层注水情况。

（4）所有绞车的稳固、防护、信号、操作、控制设施是否齐全有效、灵活好用，钢丝绳完好状况以及相配套的地辊是否齐全灵活。

（5）轨道、道岔、轨枕是否铺设合格，有无不平不稳，轨距、间距、平整度是否符合要求。

（6）水管、电缆铺设是否符合要求，包括吊挂高度、吊钩间距、电缆拖垂度及各种电缆间距是否整齐合格，有无拖地现象。

（7）所有电气设备尤其是电话、电铃、照明灯具、信号装置是否防爆，有无螺丝松动等失爆现象。

（8）检查巷道支护和环境卫生。不论是什么类型的支架，都必须符合要求，无空棚缺柱，无断梁折柱，无空帮空顶现象，支护要齐全坚固，迎山有力，顶帮刹严刹紧。应有的材料码放场地面无杂物、无积水、无浮煤，材料靠帮码放整齐且不影响通风、行车和行人。

（9）检查巷道内的超前支护。采煤工作面由于采煤外移，一方面顶板压力波随着工作面推进而前移，集中压力将显现在工作面煤壁线往外 1～3 m 处，另一方面随着工作面的推进，巷道的原来支护将被拆除、改动和破坏，因而要求工作面端头往外的巷道需要提前采取应对措施，这就是超前支护。

众所周知，采煤工作面端头矿山压力集中，控顶面积大，而且需要移动（尤其是工作面输送机头尾）以及因其移动造成的支架替换移动等使端头安全受到很大威胁。另一方面端头又是工作面的出入口，人员、材料、设备和电缆都要经过此处进出工作面，所以端头安全是采煤工作面的一个重大问题和重要环节。20 世纪 80 年代前，各煤矿对端头维护和巷道超前支护重视不够，事故很多，是顶板事故的多发地带。

检查端头巷道超前支护主要查两个方面：一是支架数量够不够，要求从工作面采煤线往外不少于 20 m，而且要按规程要求逐架检查。二是质量是否符合要求，不论什么形式的超前支护（如在原棚子下加柱子、在原棚梁下排铰接顶梁并在梁下加柱等）必须紧固有力，支设位置排柱距、整齐排列都符合要求，误差不得超过±0.1 m。

　　3. 运煤进风平巷（运输平巷）的检查

　　运输平巷一般在采煤工作面的下山方向。为了运煤，一般铺设有带式输送机、转载机、破碎机以及与机械设备相配套的供电控制设备和信号设备；各转载点有喷雾洒水灭尘设施；有慢速回柱绞车（移工作面输送机机头和回柱用），输送带张紧绞车；巷道内还敷设各种电缆、水管。对运输平巷的检查项目和要求与运料回风平巷大多相同，此处不再重复。只将运输平巷特有的检查项目与内容重点分述如下：

　　（1）在上部煤仓口要有煤位信号或自动的煤仓报警保护装置。无论是带式输送机还是刮板输送机运煤入仓都要在仓满以后报警和自动停机，以防堆煤摩擦输送带或拉回煤造成事故。

　　（2）各转载点必须有喷雾洒水装置并正常运行洒水灭尘。

　　（3）带式输送机应具备断带、慢速、跑偏、过热保护装置。

　　（4）带式输送机要保持上下托辊齐全灵活，下托辊不准被浮煤埋住，输送带下应无浮煤、块炭、石头等阻塞卡磨。

　　（5）运输平巷内设有足够的过人跨越天桥，人行桥要牢稳，两侧有扶手及上下的梯子。

　　（6）刮板输送机及刮板式转载机的数量齐全，机车平整，运行平稳，不得有斜刮板、缺螺丝的现象，更不准出现漂链现象。

　　（7）带式输送机及刮板输送机要张紧适度，带式输送机不得有打滑现象，输送带边缘无伤口、接口整齐严密。

　　（8）转载机的机尾或靠近工作面的第一部刮板输送机的机尾必须在放顶线以里，不得在采空区留尾巴。机尾应有防翻措施（如支设压柱等）。

（9）破碎机必须设置保护栅栏，防止人员进入。

三、综采工作面的安全检查

1. 工作面支护的检查

（1）检查支架是否排成直线，支架排列偏差不应超过 ±50 mm；中心距是否符合作业规程的规定，中心距偏差不应超过 ±100 mm；相邻支架间是否存在明显错差，错差不应超过顶梁侧护板高的 2/3，歪倒应小于 ±5°。

（2）支架架设要与底板垂直，不得超高，与顶板接触要严密、迎山有力、不许空顶。

（3）支架是否完好，无漏液、不串液、不失效，架内无浮煤、浮矸堆积。

（4）支架是否采用编号管理。

2. 上下顺槽的检查

（1）检查巷道断面和人行道宽度是否符合作业规程的要求，其中上顺槽净断面应不小于 10 m²，下顺槽净断面应不小于 12 m²；人行道宽度不小于 1 m，另一侧宽度不小于 0.5 m。

（2）巷道支护是否完整，有无断梁折柱或空帮空顶。

（3）下顺槽中横跨带式输送机或刮板输送机时是否有过桥。

（4）巷道有无积水、杂物、浮煤或浮矸，材料、设备是否码放整齐并有标志牌。

（5）巷道维修有无专人负责。

3. 安全出口的检查

（1）是否按作业规程规定进行了超前支护；安全出口 20 m 范围内支架是否完整无缺，并有超前支护；巷道高度是否不低于 1.8 m。

（2）是否按作业规程规定采取支架防滑防倒措施，倾角超过 15°时，排头支架是否安装防倒千斤顶，并经常保持拉紧状态；倾角大的工作面下部端头需架设木垛，以支撑第一架支架，防止下滑。

4. 采煤作业的检查

(1) 检查采煤机状态能否满足安全生产的要求,如备件是否齐全,截齿是否齐全、锋利,喷雾是否畅通、正常。

(2) 采煤机运行时,牵引速度是否符合规定。

(3) 采煤机割煤时,顶底板是否割平整,油泵工作压力是否保持在规定范围内。

(4) 采煤机停机后,速度控制、机头离合器、电气隔离开关是否已打在断开位置,供水管路是否完全关闭。

(5) 采煤机是否被用于牵引或推顶设备。

5. 液压支架移架的检查

(1) 检查移架前是否整理好架前推移空间,清除架间杂物和顶梁上冒落的坚硬岩块。

(2) 倾斜煤层中的移架顺序是否坚持由下而上。

(3) 移架操作时,是否保持支架中心距相等和移架步距相等;是否追机作业,滞后采煤机后滚筒 4～8 架;移架工是否站在架箱内,面向煤壁操作;升架是否有足够初撑力,与顶板接触是否严密。

(4) 移架前支架是否前后窜动,频繁升降。

(5) 移架区内是否有人工作、停留或穿越。

(6) 移架是否一次移好,有无随意升降支架现象;架间空隙是否背严,有无漏矸或采空区矸石窜入支架底部。

(7) 移架完成后,操作手柄是否打到零位,并关闭截止阀。

6. 推移刮板输送机的检查

(1) 检查是否严格掌握输送机的"平直",遵循推移刮板输送机的原则。

(2) 推移刮板输送机距移架距离是否满足要求,是否出现陡弯;推移刮板输送机只在输送机工作时进行。

(3) 每次推移刮板输送机是否推移一个步距,上下机头是否不落后，也不超前。

（4）推移上下机头时，是否将机头和过渡槽处的杂物清理干净，机头是否飘起。

7. 工作面生产设备的安全检查

（1）液压泵站的检查。检查泵体是否安放平稳，零部件完好无缺，密封良好，运行可靠；压力表准确可靠，误差不超过 ±0.1 MPa；高低压过滤器、乳化器安装完好，性能可靠，油箱蓄压器不漏液，压力符合规定；乳化液清洁，无析皂现象，配制浓度控制在 3%～5% 之间；运行曲轴温度不高于 75 ℃，油量适当，泵体温度不高于 60 ℃；电动机运转声音是否正常，保护装置是否符合防爆要求；是否有填写清楚的运转日志。

（2）输送机和转载机的检查。检查螺栓及其他连接零件是否齐全、完整、紧固；电动机运转是否正常，风翅、护罩是否齐全无损，符合防爆要求；溜槽铺设是否平、直、稳，不咬链、不跳链，刮板不短缺，溜槽无严重变形；液压联轴节易熔保护塞及易破保护盘是否齐全无损；铲煤板、挡煤板和电缆架有无严重变形；机头、机尾有无杂物；注油嘴完好、畅通。

（3）带式输送机的检查。检查螺栓、销子是否齐全、紧固；电动机运转是否正常，温升是否超过 60 ℃；液压联轴节的易熔合金塞保护是否齐全无损，不漏液，液量符合规定；油嘴是否完好、畅通；输送带及接头有无撕裂，卡扣排列是否均匀、紧固，滚筒及上下托辊是否齐全，运转有无异声，密封、润滑是否良好；输送带有无跑偏，张紧是否适当；机头、机尾两侧有无块煤、杂物。

（4）移动变电站和高低压开关的检查。检查零部件是否齐全完整，连接紧固可靠；高低压防爆腔清洁，高低压套管无破损、裂纹及放电痕迹；电气、机械闭锁机构齐全、接地完整、动作灵敏可靠；电气仪表指示准确，仪表玻璃无破损，表面清洁；标志牌标明容量、用途、整定值；设备外壳无严重变形及大面积脱漆现象，设备整洁,周围无淋水及杂物;有无完整的电气系统图和检修记录,记录填写是否清楚。

(5) 通信系统的检查。检查控制系统是否准确可靠,通话清晰;仪表指示是否准确,表面清晰;防爆腔及防爆面清洁,防爆面无锈蚀和机械伤痕,光洁度及间隙符合有关规定;环境清洁,周围无杂物。

(6) 电缆的检查。检查电缆敷设有无"鸡爪子"、"羊尾巴"、"明接头"和严重护套损伤现象;电缆悬挂整齐,符合规定;插销无裂痕,防爆面无锈蚀,零件齐全,连接紧固;动力电缆和控制电缆应用铁质标志牌将有关事项标明清楚。

8. 工作面管理的检查

(1) 检查有无经矿总工程师批准的作业规程,并有效地贯彻执行。

(2) 工作面有无施工图板。

(3) 有无坚持支护质量和顶板动态检测。

(4) 有无区(队)长跟班上岗,有无质量验收员。

(5) 特殊工种是否持证上岗。

四、机采工作面的现场安全检查

1. 工作面支护的检查

(1) 检查柱距、排距是否符合作业规程规定,呈一条直线,支架架设偏差不应超过 100 mm。

(2) 顶梁铰接率是否大于 90%,是否出现连接不铰接,机道与放顶线是否配足水平楔。

(3) 支柱初撑力、迎山、棚梁、背板、柱鞋、柱窝是否符合作业规程规定。

(4) 是否存在失效柱、梁和空载支柱,不同型号支柱是否混用。

(5) 是否按作业规程及时架设密集支柱或木棚、木垛,其数量、位置是否符合规定。

(6)支柱是否全部编号管理,并做到牌号清晰。

2. 上下顺槽的检查

(1)检查巷道断面是否符合作业规程要求,高度不小于1.8 m,人行道宽度不少于0.8 m。

(2)巷道支护是否完整,无断梁折柱,无空帮空顶;架间撑木是否齐全。

(3)巷道是否有专人负责维修。

(4)机电设备是否上架进壁龛,电缆悬挂是否整齐。

(5)巷道有无积水、杂物、浮煤;材料码放是否整齐,并有标志牌。

3. 安全出口的检查

(1)检查顺槽至煤壁线20 m范围内支架是否整齐,并有符合规定的超前支护。

(2)有无符合规定的端头支护,端头对梁距工作面第一架支架的距离不应超过0.7 m。

(3)巷道高度是否不低于1.6 m,人行道宽度不低于0.7 m。

(4)采空区侧或煤壁侧是否有大于0.6 m、不低于工作面采高90%的人行通道。

(5)安全出口处煤壁是否至少超前1 m,斜长不小于2.0 m。

4. 采煤作业的安全检查

(1)检查采煤机状态能否满足安全生产的要求。

(2)采煤机运转时牵引速度是否符合规定,运行是否平稳,底板是否割平。

(3)采煤机工作时液压油泵的工作压力是否保持在规定的范围内。

(4)采煤机停机后,速度控制、离合器、隔离开关是否打在断开位置,并完全关闭水管。

（5）采煤机是否被用于牵引或推顶设备。

5. 煤壁与机道支护的检查

（1）检查煤壁是否平直，并与底板垂直。

（2）是否出现超过规定的伞檐。

（3）一次采全高时是否见顶。

（4）是否按作业规程要求及时架设齐全的贴帮点柱。

（5）悬臂梁是否到位，端面距小于 300 mm，梁端是否接顶，挂梁是否及时。

（6）悬臂梁支柱支设是否及时，在 15 m 内支柱与放顶是否不平行作业，改临时柱时是否做到先支后回。

6. 顶板管理的检查

（1）检查是否执行敲帮问顶制度。

（2）顶底板移近量是否小于每米采高 100 mm。

（3）工作面是否出现台阶下沉。

（4）梁端至煤壁间是否出现高度大于 200 mm 的冒落，当出现时是否采取接实顶板措施。

7. 推移刮板输送机的安全检查

（1）检查是否遵循推移刮板输送机的程序和原则。

（2）推移刮板输送机距采煤机的距离是否符合作业规程规定，是否出现陡弯。

（3）推移刮板输送机是否只在输送机运行中进行。

（4）上下机头推移是否与机身保持一致，机头是否飘起。

（5）推移上下机头时，是否将杂物清理干净。

8. 回柱放顶的安全检查

（1）检查是否按作业规程规定及时放顶，控顶距是否符合规程要求，上下顺槽是否与工作面放齐。

（2）回柱是否采用先支后回、由下而上、由里往外的三角回柱法。

（3）回柱与支柱距离是否不小于 15 m。

（4）分段回柱距离是否大于 15 m,掐头处是否打上隔离柱。

（5）回柱地点以上 5 m、以下 8 m 处是否有与回柱无关的人员滞留。

9. 机电设备的检查

（1）检查乳化液泵站压力是否高于 18 MPa,浓度不低于2％～3％,液压系统完好,不漏液。

（2）刮板输送机铺设是否平稳,接头是否严密,刮板螺丝是否齐全。

（3）矿用绞车是否有牢靠的"四压"、"二戗"和地锚,信号是否灵敏可靠,钢丝绳磨损是否超限。

（4）机组电缆绝缘是否良好,无"鸡爪子"、"羊尾巴",电缆架设是否牢靠、安全。

10. 工作面管理的检查

（1）检查工作面是否有区（队）干部和质量验收员跟班上岗,区（队）长、班（组）长是否都在现场交接班。

（2）工作面是否执行开工牌和特殊工种持证上岗制度。

（3）工作面是否坚持支护质量和顶板动态监测。

（4）工作面有无施工图板。

五、炮采工作面的安全检查

1. 工作面支护的检查

（1）检查工作面支柱布置是否符合作业规程规定,支柱要呈一条直线,柱距、排距偏差不超过 100 mm。

（2）支柱初撑力、迎山、棚梁、背板、柱鞋、柱窝是否符合作业规程规定。

（3）是否存在失效柱、梁和空载支柱。

（4）顶梁铰接率是否大于 90％,是否有顶梁连续不铰接现象。

（5）机道与放顶线是否配足水平楔。

（6）是否按作业规程要求及时架设密集支柱或木棚、木垛。

（7）是否存在不同型号支柱混用问题。

（8）支柱是否全部编号管理，并做到牌号清晰。

2. 上下顺槽的检查

（1）检查巷道断面是否符合作业规程的要求，巷道净高是否低于 1.8 m。

（2）巷道支护是否完整可靠，有无断梁、折柱，空顶。

（3）机电设备是否上架进壁龛，电缆悬挂是否整齐。

（4）巷道有无积水、浮渣、杂物。

（5）材料、设备码放是否整齐，并有标志牌。

3. 安全出口的检查

（1）检查顺槽至煤壁线 20 m 范围内支架是否完整。

（2）是否按作业规程规定进行超前支护。

（3）巷道高度是否不低于 1.6 m。

（4）有无符合作业规程规定的端头对梁。

（5）工作面有无超过 0.6 m 宽的人行通道，高度不低于工作面采高的 90%。

（6）超前工作面煤层开采的距离是否符合规程规定。

4. 煤壁及机巷支护的检查

（1）检查煤壁是否平直，并与底板垂直。

（2）是否存在超过规定的伞檐。

（3）悬臂梁是否到位，端面距小于 300 mm，梁端是否接顶，挂梁是否及时。

（4）贴帮点柱是否按作业规程要求架设及时、齐全。

（5）悬臂梁支柱架设是否及时，改临时柱是否做到先支后回。

5. 顶板管理的检查

（1）是否执行敲帮问顶制度。

（2）顶底板移近量是否小于每米采高 100 mm。

（3）是否出现台阶下沉。

（4）机道梁端至煤壁顶板是否出现高度大于 200 mm 的冒落,出现时是否采取接实顶板的措施。

6. 工作面爆破的安全检查

（1）是否按作业规程规定布孔、钻孔。

（2）是否按规定装药量和装药方法装药,装药前是否清除炮眼内的煤粉。

（3）是否按规定使用炮泥封孔,不装空心炮,并使用水炮泥。

（4）是否坚持一组装药一次起爆、"一炮三检"和"三人连锁放炮制"。

（5）雷管、炸药是否分开存放,并且上锁。

（6）哑炮是否按规程规定进行处理。

（7）雷管、炸药是否账物相符,领退有记录,并有签字。

7. 工作面设备的检查

（1）煤电钻是否有综合保护。

（2）刮板输送机铺设是否平稳,接头是否严密。

（3）工作面矿用绞车是否有"四压"、"二戗"和地锚,钢丝绳磨损是否超限。

（4）电缆架设是否牢靠安全。

六、采煤系统特殊条件下的安全检查

（一）工作面过断层的安全检查

（1）过断层之前,是否弄清了断层的形状、性质、落差、围岩情况以及导水性等。断层情况不清,不许工作面强行过断层。

（2）凡是决定强行过断层时,必须有经矿总工程师批准的安全技术措施。

（3）工作面过断层时,应做到:

接近断层时,尽量缩小断层的暴露面积,并制定防止破碎带冒落及支架防倒措施；过断层时要根据具体情况，改变支护形式；严格控制采高；严格工程质量；断层带处应与整个工作面同时平行推进，不得滞后；断层带附近煤壁严重片帮、顶板暴露面积大时，应采取超前支护措施。

（二）工作面过老巷的安全检查

（1）过老巷前是否已准确掌握了老巷位置、断面形状及围岩情况。

（2）过老巷时准备工作是否做到：检查瓦斯情况，排放积聚瓦斯；提前修复老巷，在巷道内架设一梁二柱或一梁三柱的抬棚；不论通过平行于工作面，还是垂直于工作面的老巷，均要提前 30～50 m 进行维护，避免工作面通过时压死支架。

（3）通过老巷时是否做到：老巷位置与工作面平行时，应提前将工作面调整成伪斜，使工作面与老巷间形成一个三角带；老巷位置与工作面垂直时，通过前应在老巷中打好木垛，工作面通过时再将木垛撤出；老巷上空有冒顶时，应用木料填实。

（4）通过穿层石门时，应加强维护，在顶板中的一段石门应用木垛填实、稳固。

七、采煤系统重大安全隐患的安全检查

1. 采区设计和采煤工作面作业规程方面的安全检查

（1）采区设计方案未经（集团）公司批准，或无采区设计就施工。

（2）新采区、新工作面没有按有关规定进行验收就生产，或验收不合格。未经认真整改，不经批准就擅自生产。

（3）编制采掘计划没有通风部门参加，或没有考虑通风部门的配合。

（4）采煤工作面没有 2 个以上畅通无阻的安全出口，或人为因素造成安全出口不畅通；特殊情况下不能保证 2 个以上安全出口时，未经（集团）公司批准。

（5）采用非正规采煤法的采煤工作面未编制（集团）公司批准的作业规程而擅自开采。

（6）采煤工作面分上、下层同时回采时，上、下层的错距及支护措施未在作业规程中明确规定，或在实际操作中违反规定。

（7）支柱与回柱、支柱与割煤、回柱与爆破、回柱与采煤机落煤等工序平行作业时的安全距离未在作业规程中明确规定，或在现场操作中违反规定。

（8）不认真组织学习和贯彻执行采煤作业规程。

2. 采煤工作面支护方面的安全检查

（1）单体液压支柱初撑力连续 2 根小于 50 kN，或全部支柱初撑力合格率小于 80%，金属摩擦支柱不使用 5 t 液压升柱器，支柱初撑力低于 30 kN，或支柱连续 2 根松动。

（2）采煤工作面配备柱、梁数量不足，缺柱、梁各 20 根以上。

（3）使用失效柱、梁或使用超过使用期的支柱，不同类型或不同性能的支柱混用。

（4）底板松软而支柱不穿铁鞋，造成支柱钻底大于 100 mm。

（5）切顶排特殊支护数量、质量不符合作业规程规定；顶板来压或悬顶超过作业规程规定，未加强支护或未采取人工强制放顶措施；输送机机头、机尾不按规定使用特殊支护。

（6）工作面支护不适应工作面的地质条件；支护强度低，整体性差，顶底板移近量大，出现台阶下沉。

（7）煤壁留有伞檐、悬矸、危岩，不及时进行敲帮问顶处理；人员进入巷道空顶空帮，不做临时支护。

（8）采煤工作面无支护质量监测人员，无初撑力监测仪表，无记录、无监测标志。

（9）有冲击地压危险的矿井未对危险区进行预测预报，或无防治措施。

3. 工作面放顶的安全检查

（1）采煤工作面不执行最大或最小控顶距规定，提前或拖后回柱放顶。

（2）回柱工作违反规定措施或回撤程序；近身回柱无防护措施；一人回柱无人监护。

（3）采煤工作面改支柱时不先支后回。

4. 特殊条件下开采的安全检查

（1）有冲击地压危险的工作面未使用防飞水平销；爆破时警戒距离及躲炮时间不符合规定；工作面及工作面回风巷、运输巷柱梁未采取防倒、防崩措施。

（2）采煤工作面过断层、过破碎带、过老空巷、复合顶板开采或现场条件发生变化时，未及时制定安全措施。

（3）采煤工作面初次放顶和最后收尾时，不按规程规定施工或无措施施工，违反措施施工。

第二节　掘进系统的安全检查

一、机掘工作面的安全检查

机掘是当今我国煤矿掘进工程中最先进的一种方式，机械化自动化程度高。掘进工序中的巷道开挖成型、装载全部实行了机械化并且大多配套有锚杆支护、带式输送机或梭车运输，所以劳动强度小，工作效率高，掘进速度快（一般煤巷月进度 500～1000 m），大大降低了掘进成本，为集约化生产和建设高产高效矿井奠定了基础。机掘工作面配备了先进的大功率掘进机、锚杆钻孔机、带式输送机或梭车和吸出式除尘风机，以及与这些设备相配套的乳化液泵、水泵、供电及电气控制设备。下面把机掘工作面安全检查重点分述如下：

（1）局部通风机应有消音装置，风筒吊挂平直规范，无死弯，无漏风、跑风,工作面风筒出风风量充足,出风口与推进面距离不超过规定。

(2)瓦斯监测探头安装的位置符合《煤矿安全规程》要求。工作面空气净化水幕符合要求,能够正常喷雾降尘。

(3)运输轨道铺设质量符合规程要求,牵引绞车稳固完好,电气设备防爆性能好,信号装置齐全好用。

(4)带式输送机或刮板输送机平直、稳、运行良好。带式输送机应具备堆满煤仓保护、跑偏保护、断带保护、慢速保护及高温保护装置。输送带完好无损伤,上下托辊齐全、转动灵活。刮板输送机做到刮板齐全,刮板无歪斜和缺螺丝现象。

(5)吸出式除尘风机及综掘机的除尘设备齐全、运行良好,除尘、降尘效果好。

(6)机掘往外巷道内管线吊挂整齐规范,巷道内无积水、无杂物、无浮煤,材料场内材料码放整齐且不影响行人、行车和通风。工作面图板齐全规范。

(7)巷道断面、中线符合《煤矿安全规程》要求。中线偏差不大于±0.05 m,巷壁或棚子保持直线,偏差不大于±0.10 m。

(8)乳化液配比、泵站压力符合《煤矿安全规程》规定。

(9)掘进和支护之间的关系合理,最大空顶距符合《煤矿安全规程》的规定。

(10)棚子质量合格,棚梁平齐,刹顶刹帮严紧,无空帮空顶现象。棚子梁腿结构严实,无吊口、抚肩、后空、后硬现象,棚腿插角合格,迎山有力,无歪斜射箭现象。

(11)锚杆眼布置和深度角度符合要求,托板齐全,螺丝紧固并用力矩扳手拧紧螺帽。锚杆外露部分不大于0.05 m,螺帽必须满扣拧紧。锚杆拉拔实验初锚力和锚固力符合《煤矿安全规程》的要求。

(12)掘进机照明良好,各操作手把和按钮灵活可靠。司机和副司机必须持证上岗。

（13）掘进机切割顺序和轨迹必须符合《煤矿安全规程》的要求，做到成型规范，不割顶板。

（14）掘进机开机前必须先发出信号，机器前不准有人，喷雾正常后才可开机。机器后退或调整位置必须先发信号，活动范围内撤出所有人员才可移动机器，并要操作平稳，速度适中。

（15）停机前先把切割头后退，切割头落地后关机，关机后要断开电源和磁力启动器的隔离开关。

（16）切割头和切割臂不得用做托举棚梁等。

（17）检查修理综掘机时，必须先断开电源和磁力启动器的隔离开关，防止误操作伤人。

二、炮掘工作面的安全检查

炮掘是我国大多数煤矿的掘进方式，其主要特点是打眼爆破，巷道由爆破成型，装载方式有人装车，也有装煤机、装岩机、耙斗机等机械装载，还有的是把刮板输送机直接铺到掘进面，用铁锹把煤或矸石装入输送机再运到天井装车等。支护形式上有架木棚（当然还有因为是坚硬岩石顶板而支设点柱，如大同矿区）、锚杆、锚喷、砌碹等。

（1）检查局部通风机供风情况。要求运行平稳，风筒吊挂平直规范，无跑风、漏风现象。工作面风筒出风量充足，风筒出风口距掘进面距离符合《煤矿安全规程》的规定。

（2）巷道内管线吊挂整齐规范，干净卫生，无积水、无浮煤、无杂物，材料场内材料码放整齐规范且不影响通风、行人和行车。

（3）工作面图板齐全规范，牌板内容符合标准化要求。

（4）甲烷报警器安装位置符合规定，空气净化喷雾装置运行良好。

（5）必须坚持打眼前检查瓦斯，爆破前、装药前和爆破后检查瓦斯，只有瓦斯浓度不超过规定时才可操作。

（6）火药雷管按规定严格管理，按规定要求装配引药。当班用不完的火药雷管必须退库。

（7）按规定布置炮眼，尤其是巷道周边炮眼必须按爆破说明书的设计布置，眼距、孔深、角度必须合格，以保证成型效果良好。

（8）严格按操作规程由持证的爆破工装药爆破，不准放明炮、糊炮和明火爆破，坚持使用水炮泥，封泥长度要符合《煤矿安全规程》的规定。

（9）爆破母线必须认真悬挂且长度符合《煤矿安全规程》要求。爆破前先按规定设置警戒岗哨，然后清点人数，确认爆破区内无人后，必须先发出爆破警号，5 s以后才可发爆。

（10）发爆不响应静候 5 min 后由爆破工进去查找原因。

（11）出现拒爆要按《煤矿安全规程》要求进行认真处理。

（12）爆破前要加固支架，并在距工作面迎头 10 m 以内采取防倒措施。

（13）爆破时，装炮、连炮和发爆必须由爆破工本人进行。发爆钥匙必须由爆破工随身携带，不准交给别人。

（14）爆破吹散炮烟后，必须先由爆破工、班组长和瓦斯检查工进入爆破区，检查通风、瓦斯、支架和顶板情况，并洒水灭尘，修理崩松或崩倒的棚子，然后在棚子支护下进行敲帮问顶，确认安全后才可解除警戒，恢复工作。

（15）巷道支架必须齐全紧固。顶板刹严刹紧，不准缺棚或有断梁折柱和空帮空顶现象，棚子必须达到质量标准化要求，棚距、中线、巷道断面规格以及棚腿插角必须符合要求，误差不大于±0.1 m。棚子梁腿接口严实，不得出现吊口、后空、后硬、抚肩、射箭以及歪斜等问题。

（16）爆破后最大空顶距不得超过《煤矿安全规程》的规定，并且要架设前探支架，以临时支护爆破后暴露出的空顶，并在前探支架掩护下，尽快支护新棚子，形成永久支护。

（17）坚持采用湿式打眼，不准干打眼。

（18）机电设备要做到完好防爆，尤其是接线盒、电铃、信号、电话等小型电器设备更要严格管理，杜绝失爆。

（19）在把刮板输送机移至工作面迎头时，刮板输送机机尾要采取打压柱或地锚等措施，防止翻机伤人。

三、井筒掘进的安全检查

井筒掘进过程中容易出现的安全问题是冒顶片帮、坠井坠物、井筒水灾以及通风、爆破中的安全问题。在现场安全检查中，应根据有关规定，对这些问题逐项实施重点检查。

1. 井筒施工组织设计的安全检查

（1）是否有经（集团）公司总工程师批准的井筒施工组织设计。

（2）施工组织设计是否以施工单位为主，设计单位共同参加编制。

（3）施工组织设计内容是否齐全完整，符合有关规定和要求。

（4）施工组织设计是否认真贯彻执行。

2. 表土施工的安全检查

（1）表土施工必须根据当地的地形、气象、水文及工程地质条件等，采取有效措施，做好防、排水工作。

（2）立井表土施工应设置临时锁口，以固定井位，封闭井口、安装井盖和吊挂掘进用支架。临时锁口必须确保井口稳定、封闭严密、井下作业安全。

（3）斜井和平硐表土施工。斜井破土先挖槽，槽的深度应使井筒掘进断面顶部距耕作层或堆积底层不小于 2 m；平硐和依山开挖的斜井破土时，明槽深度应使门脸上部岩层（或硬土）的厚度不小于 2 m；斜井或平硐从揭盖部分进入硐身 5～10 m 后，应进行永久支护。

（4）立井建立永久支护前是否指派专人观测地面沉降和临时

支护后面井帮的变化情况。

3. 井筒掘进的安全检查

（1）井口是否保证人员掘进安全的措施。

（2）井筒掘进前,应编制本井筒的钻眼爆破图表以指导施工。采用中深孔爆破时,孔深超过 3.5 m,必须采用防水雷管,脚线不得有接头。

（3）井筒掘进挂圈背板临时支护时间不超过 1 个月;锚喷临时支护时,采用短段掘进及永久支护。

（4）井筒施工中,与井筒支架相连的各种水平或倾斜的巷道口,要同时砌筑永久支护 3~5 m。

（5）井架圈的圈距由岩层软硬程度而定。空帮距离不宜大于 2 m。采用锚喷支护时,其空帮距离不宜大于 4 m,并有防止片帮措施。

（6）井筒过断层距破碎带 10 m 前,必须加强瓦斯和涌水的探测等预防准备工作。

（7）井筒揭开有煤与瓦斯突出的煤层时,是否采取震动爆破措施。爆破时,人员是否撤至井外安全地带,井口附近不得有明火及电源。爆破后,要检查井口附近瓦斯情况,以便确定是否恢复送电。

（8）井壁厚度是否符合设计规定。

（9）在每 1 m^2 的面积内,井壁局部的凸凹程度是否符合规定。

（10）钢筋混凝土和混凝土井壁的表面是否出现露筋、裂缝、蜂窝等现象。

（11）施工期间,在永久井壁内留设的卡子、梁、导水管等一切设施其外露长度不得大于 50 mm。不需要的硐口、梁窝,均用不低于永久井壁设计强度的材料砌好。

（12）井筒在施工时所开凿的各种临时硐室(转水站泵房、变电所、水仓等），凡是投入生产后不继续使用的，在井筒竣工或投入生产前，均要充填严密，并加以封砌；若岩层稳定坚硬可不充填，仅加以封砌。

四、巷道和硐室掘进的安全检查

1. 一般规定的检查

（1）巷道和硐室掘进施工前，应编制掘进作业规程，经批准后，方可施工。

（2）采用平行作业时，平巷不得由里往外进行支护；超过 10° 的倾斜巷道，每段内不得由上向下进行永久支护（锚喷除外）；在倾斜巷道中施工，应设有防止跑车和坠物的安全设施。

（3）采用掘进和支护单行作业时，在前一段的永久支护尚未完成时，不得继续掘进。永久支护前端距掘进工作面不得大于 40 m；在顶板压力特别大的地区或易风化、膨胀的软岩中，要采取短掘短砌（喷）法施工。

（4）通过松软破碎地带的大断面巷道和硐室、独立施工的超前导硐，其长度不应超过 30 m。在特软岩层或破碎带中，采用两侧导硐法施工时，导硐长度不应超过 4 m。导硐的刷砌（喷）与掘进不得采用平行作业；如采用平行作业，必须设有满足人员出入及通风的安全出口。

（5）在长距离巷道施工中，应设置躲避硐室，倾斜巷道每掘进 40 m，平巷根据施工需要，设一躲避硐室，硐室深度不小于 2 m，不大于 5 m。

（6）巷道掘进临时停工时，临时支护要紧跟工作面，并检查好巷道所有支护，保证复工时不致冒落。

（7）巷道掘进施工中，必须标设中线及腰线。用激光指示巷道掘进方向时，所用的中、腰线点不应少于 3 个，点间距离以大于 30 m 为宜。用经纬仪标设直线巷道的方向时，在顶板上应至少悬挂 3 条垂线，其间距一般不小于 2 m，垂线距掘进工作面一般不宜大于 30 m。标设巷道的坡度时,每隔 20 m 左右设置 3 对腰线标桩,其间距一般不小于 2 m。

2. 巷道掘进检查

(1) 巷道的掘进毛断面不得小于设计规定。其局部超高和每侧的局部超宽,不应大于设计规定 150 mm(平均不应大于 75 mm)。

(2) 要根据巷道规格、岩石性质编制爆破说明书。

(3) 在掘进工作面打眼前,应找净顶板两帮的浮石。打底眼一律不准带货打眼。最外圈炮眼位置必须与设计毛断面保持相当距离,一般为 100~250 mm。

(4) 掘进工作面距煤层 5 m 时应打探眼,探清煤层和瓦斯涌出情况,探眼深度超前炮眼深度 800 mm 以上,探眼数量大于 2 个。如果发现瓦斯大量泄漏或有其他异常情况时,应及时报告矿调度。

(5) 对掘岩石巷道相距 15 m 时,要停止一头掘进(用爆破方法),距贯通地点 5 m 时,开始打探眼,探眼深度要超前炮眼深度 0.6~0.8 m。

(6) 掘进工作面与旧巷贯通时,对方巷道要给上中心。相距 10 m 贯通时,爆破前由班(组)长指派警戒员到所有通向贯通地点的道口进行警戒,双方要规定好联系信号,不得到通知不准擅自离开警戒区。距贯通点 5 m 时,开始打探眼。

(7) 严格执行防尘措施,凡是岩石掘进工作面一律执行湿式打眼、装岩洒水,严禁干打眼。

(8) 工作面禁止装药与打眼平行作业,装药要指定专人负责,其他无关人员不准装药。炮眼装药后,剩余的空隙要全部用水炮泥和黄泥封满。

(9) 爆破母线必须悬挂,不得与钢轨、管子、风筒、电缆、电线等靠近。爆破地点距工作面距离必须符合作业规程规定。

（10）爆破必须执行"一炮三检制"、"三人连锁放炮制"和瓦检员不在爆破工不准爆破的制度。

（11）掘进工作面禁止放糊炮。

3. 装车、运输的检查

（1）超过 400 mm 长的大块矸石必须经破碎后方准装车。经过斜井的矸石车装车高度不准超过车沿。

（2）装岩机停止运转检修时，要用木头、石头等物品垫簸箕，用铁插销卡位或放到底板上停电修理。装岩机电缆要指定专人看管，防止压坏。工作面的各种机械要指定专人开动，不准乱动。

（3）推车经过道、道岔口、下坡道、风门等地点时要大声喊话，并注意不要将手伸出车外边。推车要往前看，防止碰人。

（4）暗斜井上部必须设挡车器（指没有甩车场的暗斜井），并要经常检查，保证安全行车。

（5）倾斜巷道上下山掘进，要搭好牢固的溜子口和溜子道，并经常进行检查，人员上下要取得联系，超过 37°的倾斜巷道、溜子口和溜子道要搭盖板。使用绞车提升时，要用铁楔子固定好导向轮。

（6）上下山掘进使用电耙子，一定要搭好牢固的平台和溜子口，电耙子开动时禁止人员上下；需要通过人员时，必须用信号取得联系，待电耙子停止后方可通过。

五、巷道支护与维修的安全检查

（一）巷道支护的安全检查

1. 锚杆和锚喷巷道支护的检查

（1）锚杆支护和锚喷支护对巷道断面成型要求严格，在综合掘进机开挖时要严格掌握，在爆破成型时更要认真做好光面爆破。巷道断面周边眼的布置、眼距、孔深、角度和装药量，必须严格执行《煤矿安全规程》的规定。

（2）锚杆眼的布置、眼距、孔深、角度必须符合《煤矿安全规程》要求,锚杆角度应垂直于帮壁平面。

（3）必须按规定程序装设锚杆。药卷浸水入孔搅拌时,在浸水时间和搅拌力度上要按规定操作,以保证锚杆锚固质量。

（4）锚杆入孔固定(凝固)好后,把托板或托梁钢带等戴好上平,与顶帮岩石贴紧,如无法贴紧时,要用木板垫好,然后上紧螺帽,螺帽要戴满丝扣,用力矩扳手拧紧。锚杆外露长度应小于0.05 mm。

（5）锚杆支护要定期做拉拔(拉力)试验,发现问题时,要采取补打锚杆或加架棚子等措施。

（6）采用锚喷支护时,要按规定布置锚杆眼,及时支设锚杆,锚杆装设必须符合要求。

（7）在作业规程中必须明确锚杆支护和锚喷支护的最大控顶距、最小控顶距和初喷、复喷的间距,在施工过程中必须严格执行这些规定。

（8）喷浆的配比、水泥标号必须符合要求,喷体强度要定期取样检验。

（9）要保证初喷和复喷质量,尤其是巷道顶部和腰部喷层厚度必须达到要求。喷浆前要用清水冲洗巷道帮壁,喷后巷道帮壁平整,断面规格和中线符合要求。帮壁凹进部分要逐次补喷,必要时要挂网喷浆,每次补喷厚度不大于0.1 m。

（10）做好喷浆时的防尘工作,操作者要戴好个体防尘口罩。喷浆时要撤出设备,不能撤出的要遮盖保护。喷浆作业时,要停止其他作业。

（11）用风钻、电钻钻孔必须采用湿式凿岩钻孔,不准干打眼。

（12）水泥、石子、速凝剂等材料要加强管理,堆放整齐,巷道内做到干净卫生、文明生产。

（13）喷浆机保持完好,控制设备要灵活,电气设备要防爆。喷浆机司机和喷浆手应经培训合格持证上岗。

2. 砌碹支护的检查

砌碹支护是 20 世纪我国煤矿主要井巷的重要支护形式。近年来由于锚杆支护和锚喷支护技术的推广应用,服务年限较长的主要井巷也大量采用了这项新技术。但是喷锚技术还未广泛应用的矿井以及地质条件差、顶帮破碎压力大的一部分巷道仍然采用砌碹支护的形式。现将安全检查重点叙述如下:

(1) 砌碹用的料石材质和几何尺寸必须符合《煤矿安全规程》的要求并经检验合格,不准用风化石料。

(2) 拼棚必须有专门安全措施,在巷道原棚梁下要支设木柱或顺架抬棚,保证顶板不被松动并支护良好。

(3) 工作台搭设的材料和规格必须符合《煤矿安全规程》的规定,做到牢固平稳。

(4) 开挖基础、砌墙、立拱架、支模(混凝土碹支盒子板)、铺拱板、拆拱架等要有具体规定,尤其要明确规定拼棚长度和立拱架长度、砌墙和扣拱之间的距离以及永久支护(砌碹)和临时支架之间的距离。

(5) 砌墙和扣拱必须做到灰浆饱满,不准有干缝、瞎缝,不准出现重缝现象。砌墙时必须把料石用石楔支平。基础深度必须符合要求,墙体垂直。当碹墙高度超过 1.5 m 时,要采取防倒措施。

(6) 拱架之间必须有撑杆拉手,拱架要支稳支牢,保证巷道中腰线符合规定。

(7) 壁后必须做好充填,做好隐蔽工程记录。充填物不准用煤炭等易碎易燃物,要用片石,较大空顶空棚要用木垛充填。

(8) 砌体要保证足够的养护期,不准提前拆拱架。

(9) 顶板不好时要有专门措施,实行短掘短砌。要明确最大空顶距,并不准超过最大空顶距。空顶区应用无腿托钩棚、前探支架等措施进行支护,托钩棚的棚梁、托钩和托钩插入岩帮长度必须符合规定,托钩棚的上部要刹紧接顶。

（二）巷道维修的安全检查

1. 顶板管理的检查

（1）凡裸岩巷道完好的顶板，不得任意破坏。

（2）巷道顶板完好、整体性能强、岩质密实的静压巷道棚距最大限度为 1.2 m（特别坚硬时不架棚）。顶板破碎、有活石的静压巷道或无活石的动压巷道，棚距最大为 1.2 m。

（3）翻棚时，必须由班（组）长和安全员进行敲帮问顶。

（4）撬落活石应从顶板完整的地方开始，以保证工作人员的安全。在撬落活石时，一人操作，另一人在后面当好安全监视哨，禁止行人通过撬顶危险区。

（5）巷道顶板完好、岩质坚硬、整体性强、节理与层理不发达的静压巷道，可以采取锚杆支护。

（6）在打锚杆眼前，必须先撬落浮石，然后开机钻眼；有棚巷道打锚杆要翻一架打 1 m，或先打眼后翻棚。

2. 支护拆换的检查

（1）拆换支架一定从顶板好的地点开始，不得大拆大换。翻棚前，要加固工作地点的支架；遇有顶板破碎，应超前挑顶，事后翻棚。

（2）凡独头巷道，一定从外向里拆换，不得由里向外进行拆换。贯通巷道要顺风逐架拆换。

（3）倾斜巷道拆换支架，要由上至下进行拆换。在拆换前，必须增加下面支架劲木和打好顶柱，防止支架推倒。

（4）拆换棚时，在一架未完成之前，不得终止工作，应该连续进行；如果不能连续进行施工，每次工作结束后，必须接顶封帮。

（5）对头巷道维修拆换，在两头相距 5 m 时，要停止一头作业，以免造成压力集中发生冒顶。

（6）拆换支架时，施工前应保护好施工地点的设备、电缆、电线、管路等，并盖好水沟。

(7) 拆换支架时,一定要打牢固的脚手架,禁止用管子和矿车当脚手架。

(8) 上、下山拆换支架前,要在距工作地点下面5～10 m处分别设2～3处挡板,防止滑落岩石打伤下面的工作人员或检查人员。

(9) 拆换支架遇棚顶有木垛时,要先用长杆托好木垛后再翻棚。

3. 开帮破碹的检查

(1) 开帮长度可根据顶板和两帮岩石性质确定,一般较稳定的岩石每次开帮长度不超过3 m(用爆破开帮);在顶板压力大、活石多时,禁止采用爆破开帮。

(2) 爆破开帮前要将周围设备保护好,对刚砌筑的碹要覆盖好,然后开始爆破。

(3) 用风镐破碹时,必须边破边背好帮顶;采取爆破破碹时,眼底不能穿透碹壁。

(4) 砌碹立胎要找好中心腰线,立胎要找正,做到平、直,并打好压顶楔。

(5) 如使用料石砌碹,必须用三行板砌碹胎或铁碹胎,打断面超过5 m宽,巷道要打中心顶柱。

4. 推、装、卸及其他检查

(1) 推车过弯道、风门、道岔口、下坡道等地点时,一律要进行安全喊话。

(2) 卸车时,先打掩后卸料,卸重物要喊号;两人以上抬卸时,要搭配合适。

(3) 在独头巷道或顶部有高冒处施工前,要找有关检查人员检查瓦斯。

六、掘进系统重大事故隐患的安全检查

1. 冲击地压煤层中掘进的安全检查

(1) 冲击危险区内的掘进必须始终在保护带内进行,保护带

的宽度一般为 3.5 倍巷道高度。

（2）煤层应力高度集中时，必须进行解危处理，否则不得进行掘进工作。

（3）避免在支承压力峰值区掘进巷道，必要时应采取卸压措施，并经矿总工程师批准。

（4）避免双巷同时掘进，必须双巷同时掘进时，两工作面的前后错距不得小于 50 m。

（5）相向掘进的巷道相距 30 m 时，必须停止一头掘进，停掘的巷道要加固。对继续掘进的巷道，除加强支护外，冲击地压危险严重时，还必须采取解危措施。

2. 煤与瓦斯突出危险煤层中掘进的安全检查

（1）在突出危险煤层中掘进时，必须有防突措施。

（2）严禁在突出危险煤层的顶分层中掘进和布置巷道。在突出煤层的顶、底板围岩中掘进和布置巷道时，必须保持一定的岩柱，不得随意穿破岩柱、揭开岩盖。

（3）在突出危险煤层中掘进，必须按照设计测量的中心线和腰线进行施工，不得任意拐弯和抬高，以免产生应力集中。

（4）在煤与瓦斯突出危险煤层中，严禁使用风镐落煤和用风钻打眼。

（5）必须采用长距离爆破的作业方式。爆破地点必须在工作面入风侧，距工作面的距离不小于 200 m。

（6）煤层或顶、底板松软，不能采取爆破作业时，只准使用手镐作业，并采用"做半面、背半面"的施工方法。

（7）上山掘进面与上部平巷贯通前，平巷必须超前贯通的位置。

（8）在突出危险煤层的同一水平、同一煤层的集中应力影响范围内，禁止布置两个工作面相向掘进。经过实际考察，确认在集中应力影响范围外，允许在同一水平、同一煤层中布置两个工作面相向掘进。正常情况下，两个工作面距离不得小于 15 m；遇有地质构造带、煤的变质带以及应力集中带(点)等，两个工作面的距离不得小于 30 m。

(9) 在突出危险煤层爆破时，必须实行一次装药，一次起爆；只允许使用瞬发雷管和毫秒雷管。毫秒雷管不准跳段使用，最后一段的延期时间不得超过 130 ms。严禁使用延期雷管。

(10) 石门揭开突出危险煤层时，要采取震动爆破措施，并要编制专门的设计方案，报(集团)公司总工程师批准。

(11) 震动爆破必须一次起爆；如未能崩开全断面岩柱，仍需按震动爆破的要求爆破。进入煤层后，煤门掘进仍需按震动爆破要求爆破，直至掘至顶板为止。

(12) 震动的地点和所有人员撤离的位置应在反向风门一侧，其距离根据计算出的强度及瓦斯波及范围确定，但不得小于 400 m。

(13) 震动爆破前，必须保持一定岩柱尺寸。工作面距煤层之间的最小垂直距离：倾斜煤层和缓倾斜煤层为 1.5 m，急倾斜煤层为 2 m。

(14) 震动爆破期间，该工作面整个通风系统严禁有人作业或通行，所有能进入该系统的通路必须在适当地点设置栅栏，回风系统全部停电。在预计突出瓦斯威胁范围内，震动爆破期间必须撤出人员并切断电源，震动爆破前切断工作面的一切电源，起爆前瞬间切断局部通风机的电源，起爆后至少 30 min，救护队进入工作面检查确认安全后，安排有关地点送电和撤去栅栏。震动爆破后的工作面，至少停止工作一个班次。

(15) 在突出危险煤层掘进时，必须保证支架的质量，加密棚距，保证梁和腿的规格，严禁空帮空顶。

(16) 在突出危险煤层中掘进时，所有作业人员必须随身佩戴隔离式自救器。工作面的掘进组长、队长、爆破工必须携带便携式瓦斯警报器，随时检查工作面的瓦斯变化情况。在工作面进风巷道内,必须设有直通矿调度的电话。

(17) 在突出危险煤层中的掘进工作面,必须安设瓦斯监测装置;在工作面 5 m 内和回风侧,必须安设监测传感器。瓦斯监测装置要保持完好状态,且灵敏、准确。

(18) 在突出危险煤层内掘进,每间隔 50 m 掘一避难硐室,其净断面不小于 5 m²,长度不小于 4 m,内设压风管路,经常供应压缩空气,并有手轮随时可以开闭。

3. 其他重大事故隐患的安全检查

井巷、硐室掘进和巷道维修工作中,若管理不善,容易出现重大事故隐患。掘进工作中常见重大事故隐患主要有:

(1) 掘进工作面无作业规程或套用作业规程;工作面现场条件发生变化时,未及时制定措施或措施不落实。

(2) 掘进迎头无临时支护或临时支护不合格;迎头空顶作业;前探支架移设不及时,接顶不牢固;迎头连续 4 m 支护不合格,仍继续掘进。

(3) 锚杆巷道不使用专用工具操作;锚杆松动,锚固力达不到规定数值;使用失效锚杆;锚杆不按规定进行拉力试验;对喷体不进行厚度及强度检查或无记录。

(4) 架棚巷道前 10 m 无放倒棚措施。

(5) 下山掘进时,下山上口无防止跑车装置,中间无超速捕车器,掘进面上方无挡车门;提升不使用车尾绳。

(6) 掘进巷道贯通或透老空、老巷时,不预先通知;不采取防冒顶、防水害、防有害气体、防爆破伤人、防风流紊乱等措施,或现场措施不落实,无专人指挥。

(7) 掘进巷道质量劣,仍继续掘进。

(8) 三岔门、四岔门抬棚的加固未做到全部棚腿连锁牢固,金属抬棚下腿未用混凝土固定,插梁未使用卡子;木棚未用扒钉固定;锚喷巷道未使用加长的全锚式锚杆支护。

（9）巷道失修严重，影响通风、运输、供电、排水和行人安全；擅自撤除支架柱梁、背板或拉杆，挪用他处。

（10）掘进维修地点出现断梁、折腿、空帮、空顶，缺扣木、劲木、楔子，使用扣木代替刹杆以及卡子不符合《煤矿安全规程》规定。

（11）拆除旧支架或顶板冒顶时，无人监护和专人指挥。回撤支架时，未做到由里向外回撤。

（12）维修拆换棚完工后，帮顶没有封严、刹牢或帮顶有活石。

（13）无证驾驶装岩机。

（14）锚网施工不执行"一炮一锚"或最大控顶距离超距，锚索滞后锚固。

（15）冲击地压地区不按《煤矿安全规程》的规定施工。

（16）修复巷道或整棚不执行由外向里逐架施工；修复巷道不设临时支护，退路不畅通。

（17）修复巷道需挖地槽、砌碹时，不对原有支护进行加固或临时支护固定不牢。

掘进现场实际检查时，应针对常见多发事故隐患实行重点检查，发现重大问题及可能发生事故时，要停止作业。

第三节　矿井"一通三防"系统的安全检查

一、通风系统和设施的安全检查

矿井通风是依靠井上安装的通风机以及井下所设置的风墙、风门、风桥和风障、调节风窗、局部通风机、风筒等设施，把新鲜风流分送到各个地点。不通过局部通风机就能正常通风的叫做全风压通风，通过局部通风机送风的叫局部通风。从井上进风井新鲜风流入井到回风井出风的全过程构成了矿井的通风系统。为使风流及风量按照人的意志顺畅流动和分布，必须采取一系列引导和隔离风流的措施,构筑和装设必要的建筑物和设备,这些统称通风设施。安全检查员对通风系统和通风设施进行安全检查的重点分述如下:

(1)生产矿井不准有自然通风、独眼井和以局代主的通风现象。矿井必须有符合设计和规程的机械通风设施和全风压通风系统。

(2)各条巷道和作业点必须按规程要求合理配风,有足够的风量,风速符合要求。

(3)有无串联通风现象,串联通风是否经过批准,有无专门措施和措施执行情况。

(4)掘进巷道贯通前是否按《煤矿安全规程》的规定,综掘在贯通前 50 m、普掘在贯通前 20 m,停止一方掘进并有专门调风和控制风流防止风流紊乱的措施。

(5)需要构筑风墙、风门的地点是否及时构筑并保证质量良好,有无跑风、漏风现象,特别是收尾停采后的采煤工作面是否在规定期限内撤出设备,及时构筑风墙给予封闭。

(6)采掘工作面尤其是掘进头在打透采空区、老空区、老巷等情况时,有无防止有害气体和风流紊乱的专门措施并认真执行。

(7)临时停工的掘进巷道是否按规定供风或设置栅栏并挂设"禁止入内"警戒牌或予以封闭。盲巷管理是否符合《煤矿安全规程》的规定。

(8)所有通风设施管理措施和规定是否严格执行,是否有专门的牌板和按规定进行巡回检查和测定。

(9)所有通风设施是否有损坏、失修情况,能否发挥作用,有无跑风、漏风现象。各进回风巷尤其是回风巷有无断面缩小、堵塞、积水和杂物而影响通风的现象,有无冒顶、片帮、支护损坏等现象。

二、采区"一通三防"的安全检查

1. 采区通风的检查

(1)工作面的配风量是否符合《煤矿安全规程》的规定。

（2）风速是否超过《煤矿安全规程》的规定。

（3）采区巷道断面是否影响通风的要求。

（4）工作面的温度是否超过 30 ℃。

（5）同煤层上下相邻 2 个工作面总长度超过 400 m，是否有串联通风。

（6）工作面（回采）与相邻掘进道口是否有 1 次以上的串联通风。

（7）采煤工作面与硐室工作面是否有 1 次以上的串联通风。

（8）在地质构造复杂或残采地区的采煤工作面是否有 2 次以上的串联通风，3 个工作面总长度超过 100 m，是否经相关负责人批准。

（9）工作面是否用局部通风机通风。

（10）采区内的回风是否为专用回风道。

（11）是否有一段为入风、一段为回风的情况。

（12）煤层倾角大于 12°的采煤工作面采用下行风时，风速是否超过 1 m/s。

（13）突出工作面是否采用下行通风。

（14）采区内的漏风是否进入采空区。

（15）采区内是否有控制风门。

（16）采区内的风量是否能进行调节。

（17）采区内的角联网络是否稳定。

（18）采区巷道是否有无风的地点。

2. 瓦斯防治的检查

（1）采区入风巷道风流中的瓦斯浓度超过 0.5％时，是否采取措施，是否切断工作面的所有电源。

（2）工作面风流瓦斯及回风道的瓦斯浓度达到 1％时，是否停止电钻打眼。

（3）工作面风流瓦斯浓度超过 1.5％时，是否停止工作，撤出人员,切断电源,进行处理。

（4）爆破地点附近 20 m 以内风流中瓦斯浓度在 1％是否爆破。

（5）电动机或其开关附近 20 m 以内风流中瓦斯浓度达到1.5％时,是否停止运转,撤出人员,切断电源,进行处理。

（6）采区内有无体积大于 0.5 m³,浓度达 2％的瓦斯积聚。

（7）瓦斯积聚区附近的 20 m 内是否停止工作,撤出人员,切断电源,进行处理。

（8）采掘工作面风流中二氧化碳浓度达到 1.5％时是否停止工作,撤出人员,查明原因,采取有效措施,报矿总工程师批准进行处理。

（9）排放瓦斯有无安全措施。

（10）排放瓦斯时,是否有班（组）长、电工、瓦斯检查员在场。

（11）瓦斯检查员是否配齐。

（12）高瓦斯工作面和煤与瓦斯突出工作面是否配有专职瓦斯检查员。

（13）高瓦斯工作面是否每班检查瓦斯 3 次,瓦斯工作面是否每班检查瓦斯 2 次。

（14）瓦斯检查是否有记录,是否做到检查牌板（检查箱）、记录、汇报三对口。

（15）工作面是否有瓦斯检查牌板（检查箱）,是否认真填写。

（16）瓦斯检查员检查记录是否随身携带,记录是否齐全。

（17）瓦斯检查员是否在现场交接班,有无脱岗现象,有无漏检行为。

（18）检查仪器是否好使、准确。

（19）工作面是否执行"一炮三检制"。

（20）在停风区内是否有人作业。

（21）停风区是否有栅栏、警标，禁止人员进入。

3. 煤尘防治的检查

（1）采区（工作面）风流中的含尘量是否符合要求。

（2）在采区巷道两帮顶、底部，管子上、支架上是否有厚 2 mm、长 5 m 的积尘。

（3）是否有清洗煤尘制度，对巷道是否经常清洗。

（4）爆破前后是否洒水。

（5）是否使用水炮泥，每个炮眼的水炮泥数量是多少。

（6）采区刮板输送机、带式输送机、转载点是否有喷雾洒水装置，是否灵活可靠。

（7）工作面是否用湿式煤电钻进行打眼。

（8）工作面是否有煤层注水措施，注水量、时间、水压是否满足要求。

（9）注水后湿润煤量是否满足要求。

（10）注水钻场、钻孔是否满足注水要求。

（11）注水钻场、钻孔是否有注水表、压力表，并有人经常检查。

（12）封孔质量是否符合要求，有无漏水的地点。

（13）供水管路是否符合防尘、洒水、注水的要求。

（14）供水管路有无阀门控制。

（15）供水管路是否接到所有供水地点。

（16）供水管路有无漏水的地点，是否经常修理。

（17）割煤机的内外喷雾是否好使，是否经常清洗堵塞喷雾的煤粉。

（18）岩粉棚、水棚、水袋、水槽的岩粉量、水量是否满足巷道的需要。

（19）隔爆设施安设的位置是否合适，是否起隔爆作用。

（20）每个隔爆棚的间距是否符合要求，吊棚是否适合。

（21）岩粉棚的岩粉是否经常更换，有无结块。

（22）水棚、水槽的水质是否清洁，是否经常补充并清扫槽内的杂物。

4. 自然发火防治的检查

（1）采区巷道是否布置在煤层中，有无防火措施。

（2）是否采用后退式布置工作面。

（3）对旧巷是否认真处理。

（4）巷道冒顶是否处理。

（5）高顶有无搭凉棚，该处是否处理。

（6）打穿杆过破碎地点是否处理。

（7）三角点是否处理。

（8）工作面结束后是否处理。

（9）采区结束后是否在 45 d 内进行永久性封闭。

（10）采区内有无超过 30 ℃的高温，是否处理。

（11）采区一氧化碳浓度大的地点是否经常采气进行处理。

（12）气体分析是否经常进行。

（13）对 30 ℃高温，一氧化碳浓度为 0.001%，个别地点一氧化碳浓度为 0.0005%时，是否处理。

（14）对隐患地点是否经常注水，能否起作用。

（15）采空区是否根据推进度经常注泥、阻化剂和河砂。

（16）泥水比、阻化剂浓度是否符合要求。

（17）是否采用注氮防火，注氮的浓度是否在 97%以上。

（18）注氮管、注泥管、注砂管是否接设到位。

（19）灭火管路的接设是否满足要求，平时堵管口有无异物或煤块在管内。

（20）是否采用束管监测，其探头位置是否合适。

（21）是否利用束管监测来分析自然发火规律，有问题是否及时处理。

三、掘进工作面"一通三防"的安全检查

1. 局部通风机的检查

(1) 风机是否为低噪声或安设消音器。

(2) 风机有无整流器、高压垫圈及吸风罩,入风处有无风流净化装置。

(3) 风机是否安设在进风流中,距巷道回风口是否大于 10 m。

(4) 风机吸风量是否小于全风压供给该处的风量,是否产生循环风。

(5) 风机吊挂是否结实。

(6) 安装在底板的风机是否加垫,垫高是否大于 300 mm,是否牢靠。

(7) 风机是否有"三专二闭锁"装置,是否有效使用。

(8) 风机有无专人管理,保持正常运转,停风时是否撤出人员,切断电源。

(9) 风机并联运转是否做到风量和风压匹配。

2. 风筒的检查

(1) 检查是否使用抗静电阻燃风筒。

(2) 是否环环吊挂,做到"两靠一直(靠帮、靠顶、平直)"。

(3) 末节风筒距工作面的距离,岩巷是否不大于 10 m,煤巷是否不大于 5 m。

(4) 风筒分岔有无三通,拐弯是否平缓。

(5) 风筒间接头是否不漏风,风筒有无破口。

3. 掘进通风管理的检查

(1) 是否有完整的局部通风设计。

(2) 通风机是否指定专人负责,保证正常运转。

(3) 通风机停风时,是否立即撤出人员。

(4) 通风机串联运转时是否做到风量和风压匹配。

4. 瓦斯管理的检查

(1) 检查进风流瓦斯和二氧化碳浓度是否超过 0.5%,氧气浓度是否低于 20%。

(2) 工作面及其回风道风流瓦斯浓度超过 1% 时,是否停止煤电钻打眼。

(3) 工作面瓦斯或二氧化碳浓度超过 1.5% 时,是否停止工作,撤出人员,切断电源。

(4) 爆破地点附近 20 m 内瓦斯浓度超过 1% 时是否停止爆破。

(5) 电动机附近 20 m 内瓦斯浓度达到 1.5% 时,是否停止运转,撤出人员,切断电源。

(6) 体积大于 0.5 m³ 空间内积聚的瓦斯浓度达到 2% 时,附近 20 m 内是否停止工作,撤出人员,切断电源,进行处理。

(7) 瓦斯浓度达 3%,其他有害气体超过规定不能立即处理时,是否在 24 h 内封闭。

(8) 是否执行瓦斯检查制度、"一炮三检制"和"三人连锁放炮制"。

(9) 瓦斯检查员是否配齐,其素质是否达到《煤矿安全规程》的要求。

(10) 工作面是否设置瓦斯检查牌板,是否认真填写。

(11) 瓦斯检查员检查记录是否随身携带,填写是否齐全、认真,有无脱岗现象。

(12) 瓦斯检测仪器是否完好,精度能否保证。

(13) 瓦斯监测传感器是否按规定设置和使用。

5. 防尘管理的检查

(1) 检查掘进巷道风流中矿尘浓度是否符合规定。

(2) 巷道是否有积尘,是否经常清扫。

(3) 工作面是否用湿式电钻打眼。

（4）工作面爆破前后是否洒水降尘。

（5）工作面是否使用水炮泥。

（6）掘进机内外喷雾是否正常使用。

（7）工作面注水时，水压、时间、注水量是否满足要求。

（8）隔爆设施的位置、间距、岩粉（水）量是否符合规定，是否有人管理。

（9）是否制定和执行矿尘测定制度。

（10）工作人员的个体防护情况。

6. 防火管理的检查

（1）掘进过程中出现高顶高冒时，是否有浮煤，是否搭凉棚。

（2）是否建立自然发火预测预防制度，专用防火记录簿的使用是否正常。

（3）有自然发火隐患时，是否认真处理。

（4）消防水管道是否接到掘进巷道之中。

四、矿井瓦斯的安全检查

1. 瓦斯检测和管理的安全检查

（1）矿井必须建立瓦斯、二氧化碳和其他有害气体的管理检查制度，加强领导，明确责任，健全管理组织和队伍，配备足够的管理检查员，并且严格管理，把瓦斯管理和检测作为矿井管理和安全工作的重要内容，切实抓好管好，保证矿井安全，杜绝瓦斯事故的发生。

（2）矿长、矿技术负责人、爆破工、采掘区队长、工程技术员、班长、流动电钳工下井时，必须携带便携式甲烷检测仪。瓦斯检查工必须携带便携式甲烷检测报警仪和便携式光学甲烷检测仪。

（3）所有采掘工作面、硐室，使用中的机电设备的设置地点、有人作业的地点都应纳入瓦斯和二氧化碳的检查范围。

（4）采掘工作面的瓦斯浓度检查次数必须符合《煤矿安全规程》的规定，即：

① 低瓦斯矿井每班至少检查 2 次;

② 高瓦斯矿井每班至少检查 3 次;

③ 有煤(岩)与瓦斯突出危险的工作面,有瓦斯喷出的采掘工作面和瓦斯涌出量大、变化异常的采掘工作面,必须有专人经常检查,并安设甲烷断电仪。

(5)采掘工作面二氧化碳浓度应每班至少检查 2 次;有煤(岩)与二氧化碳突出的采掘工作面,二氧化碳涌出量较大、变化异常的采掘工作面,必须有专人经常检查二氧化碳浓度。本班未进行工作的采掘工作面,瓦斯和二氧化碳应每班检查 1 次;可能涌出或积聚瓦斯、二氧化碳的硐室和巷道,应每班至少检查 1 次。

(6)瓦斯检查人员必须执行瓦斯巡回检查制度和请示报告(汇报)制度,并认真填写瓦斯检查班报。每次检查结果必须记入瓦斯检查班报手册和检查地点的记录牌上,并通知现场工作人员。瓦斯浓度超过规程规定时,瓦斯检查工有权责令现场人员停止工作,并撤到安全地点。

(7)有自然发火危险的矿井,必须定期检查一氧化碳浓度、气体温度的变化情况。

(8)井下停风地点栅栏外风流中的瓦斯浓度每班至少检查 1 次,挡风墙外的瓦斯浓度每周至少检查 1 次。

(9)通风值班人员必须审阅瓦斯班报,掌握瓦斯变化情况,发现问题及时处理,并向矿调度室汇报。

通风瓦斯日报必须报送矿长、矿技术负责人审阅,一矿多井的矿必须同时报井长、井技术负责人审阅。对重大的通风瓦斯问题,应制定措施进行处理。

2. 预防瓦斯事故措施的安全检查

加强矿井通风管理和瓦斯管理(通常是"一通三防"管理),防止瓦斯积聚和浓度超限,杜绝瓦斯超限作业,杜绝引爆火源是预防瓦斯事故的根本措施。在日常检查中,安全检查员对预防瓦斯事故措施的安全检查的重点如下：

（1）矿井必须加强"一通三防"管理工作，加强领导，明确责任制度，完善管理制度，从严管理，切实把预防瓦斯事故当做矿井整个管理和安全工作的重中之重，抓紧落实，务求实效，坚决杜绝瓦斯事故的发生。

（2）加强通风管理，防止瓦斯积聚超限。严格按规定对瓦斯进行检查，杜绝瓦斯检查中空班漏检和假报瓦斯检测数据。健全有效的瓦斯检查和控制的"三道防线"。杜绝超限作业是防止瓦斯事故的基础和关键。

（3）矿井总回风巷或一翼回风巷中瓦斯或二氧化碳浓度超过0.75％时，必须立即查明原因，进行处理。

（4）采区回风巷、采掘工作面回风巷风流中瓦斯浓度超过1.0％或二氧化碳浓度超过1.5％时，必须停止作业，撤出人员，采取措施，进行处理。

（5）采掘工作面及其他作业地点风流中瓦斯浓度达到1.0％时，必须停止用电钻打眼；爆破地点附近20 m以内风流中瓦斯浓度达到1.0％时，严禁爆破。

采掘工作面及其他作业地点风流中、电动机或其开关安设地点附近20 m以内风流中瓦斯浓度达到1.5％时，必须停止作业，切断电源，撤出人员，进行处理。

采掘工作面及其他巷道内，体积大于0.5 m³的空间内积聚的瓦斯浓度达到2.0％时，附近20 m范围内必须停止工作，撤出人员，切断电源，进行处理。

对因瓦斯浓度超过规定被切断电源的电气设备，必须在瓦斯浓度降到1.0％以下时，方可通电开动。

（6）采掘工作面风流中二氧化碳浓度达到1.5％时，必须停止作业，撤出人员，查明原因，制定措施，进行处理。

（7）矿井必须从采掘生产管理上采取措施，防止瓦斯积聚；当发生瓦斯积聚时,必须及时处理。

矿井必须有因停电和检修主要通风机停止运转或通风系统遭到破坏后恢复通风、排除瓦斯和送电的安全措施。恢复正常通风后,所有受到停风影响的地点,都必须经过通风、瓦斯检查人员的检查,证实无危险后,方可恢复工作。所有安装电动机及其开关的地点附近 20 m 的巷道内,都必须检查瓦斯,瓦斯浓度符合规定,方可开启。

临时停工的地点,不得停风;否则必须切断电源,设置栅栏,揭示警标,禁止人员进入,并向矿调度室报告。停工区内瓦斯或二氧化碳浓度达 3.0％时或其他有害气体浓度超过《煤矿安全规程》规定不能立即处理时,必须在 24 h 内封闭完毕。

恢复已封闭的停工区或采掘工作面接近这些地点时,必须事先排除其中积聚的瓦斯,排除瓦斯工作必须制定安全技术措施。

(8) 严格禁止在停风区或瓦斯超限的区域内工作。

(9) 高瓦斯矿井煤巷掘进工作面应设隔爆设施。

(10) 杜绝引爆火源,尤其要加强机电设备管理,消灭电气设备失爆。按钮、电铃、打点器等常用的、移动的"五小"电气设备应作为防爆管理和检查的重点。

(11) 加强带式输送机的管理,底托辊和输送机机头是关键部位,要防止输送带打滑和底输送带摩擦发热着火引爆瓦斯,因此要有防滑保护、煤仓堆煤保护和过热保护,还应有烟雾报警、断电和自动喷水灭火装置。

(12) 液力耦合器应使用难燃液,并保持易熔保险塞良好有效,防止过载发热发生火灾引爆瓦斯。

(13) 供电系统坚持用漏电、断电保护,防止电缆漏电短路着火引爆瓦斯。所有电缆要认真吊挂,不准拖地,电缆上不准有"羊尾巴"及"明接头"。

(14) 加强采空区管理,及时封闭,杜绝向采空区跑风漏风,防止采空区产生高温火点,引爆瓦斯。

（15）加强爆破管理,严格规范装配引药、装药和爆破操作,封泥长度必须符合规定并使用水炮泥,严禁放糊炮、明炮和明火。杜绝爆破引爆瓦斯。

（16）井下严禁打开头灯。严禁带电移挪电气设备。

五、矿井瓦斯抽放系统的安全检查

（一）瓦斯抽放泵站的检查

（1）检查泵房是否用不燃性材料构筑。

（2）地面泵房有无雷电保护装置。

（3）泵站距进风井口和主要建筑物的距离是否大于 50 m,有无栅栏和围墙保护;地面泵房周围 20 m 范围内是否有明火。

（4）是否备用 1 套瓦斯泵及附属设备。

（5）泵房内的电气设备及仪表是否采用防爆型,有无安全措施。

（6）泵房内有无电话直通矿调度室。

（7）检测瓦斯浓度、流量、压力的仪表是否齐全。

（8）是否有专人值班,经常检查管路中的瓦斯浓度,抽放泵的运转记录及修泵时间、措施如何。

（9）瓦斯利用的泵房是否在停泵时通知用户。

（10）干式抽放瓦斯泵吸气管路中以及瓦斯利用的抽放泵吸气和出气的管路中是否有防回火、防回气和防爆炸安全装置。

（11）利用时,抽放的瓦斯浓度是否小于 30%。

（12）不利用时,干式抽放浓度是否小于 26%。

（二）瓦斯抽放主要管路的检查

（1）检查瓦斯抽放主要管路是否按计划施工接设。

（2）其主要管路管径是否符合规定。

（3）管路是否靠帮,吊挂的管路是否每一节用 2 根钢丝吊牢。

（4）管路之间的连接螺丝是否带满。

（5）管路是否有漏气（进气）、破孔洞；在过 2 条巷道的交叉处是否能保证通车和行人。

（6）管路中有无防止同带电物体接触和砸坏管路的措施。

（7）管路低注处是否有放水装置。

（8）管路是否有一定数量的测孔。

瓦斯主要管路会出现的主要问题有：水堵塞瓦斯管路，造成抽放区、抽放钻场、钻孔正压，严重的造成大量瓦斯涌出；瓦斯管被砸坏，进入空气，造成抽放浓度降低。

（三）瓦斯抽放区、抽放钻场、钻孔的检查

对一个矿井来说，瓦斯抽放区可分为预抽区、边采边抽区及采空区。因此，在检查时可分开进行。

1. 预抽区的钻场、钻孔及管路的检查内容

钻场之间的距离，钻孔的布置，抽放负压，钻场及钻孔的施工管理（包括检查、测量）。钻场、钻孔之间的距离可根据抽放的影响半径来确定，一般来说，钻场距离在影响半径之内为宜，但也不是越近越好，可根据矿井实际情况而定。

检查时可根据矿井所定的距离进行检查。每个钻场的断面（长、宽、高）支护形式应以摆开钻机为宜，长度不应超过 6 m。支护应完好、无活石。钻孔布置应按设计图纸施工，钻孔应打到煤层顶板，封孔要严密不漏气。钻场中要有栅栏、警标、检查牌板、钻孔布置牌板，有负压表和测孔及放水器。

钻场、钻孔的施工要制定安全措施，尤其是打突出煤层的钻孔，要有打钻防突的安全措施。其措施内容有：钻孔见煤之前，先将排放瓦斯管路铺成，实行边钻边抽或将钻孔中的瓦斯引入回风道中；钻杆同管口接触处，要用耐磨、不燃性材料封堵严密；加大施工钻场的风量；安设瓦斯自动检测报警断电仪或瓦斯检定器，经常进行检查；保持施工中的钻孔有一定的抽放负压。当抽放系统发生故障，碰见顶钻、瓦斯大量涌出、钻孔内有响声时，要立即

停止进钻并撤人。

2. 边采(掘)边抽的现场检查内容

(1)边抽率是否达到设计指标。

(2)钻场密度是否满足设计抽放量的要求。

(3)钻孔抽放负压是否大于通风作用在该处钻孔的压差。

(4)钻孔开孔位置是否布置在围岩稳定的煤层中,终孔是否打到瓦斯密集的破裂的区(带)。

(5)封孔是否严密不漏气,封孔深度煤层中是否大于 5 m、岩石中是否大于 3 m。

(6)钻场是否是专用的,钻孔布置方式、深度和角度大小是否在设计中明确规定。检查时发现问题要及时整改,尤其是要避免钻孔出现正压、瓦斯大量涌出及抽放瓦斯管路堵塞等现象。

3. 采空区抽放瓦斯的现场检查

(1)抽放点必须用不燃性材料建筑永久性密闭,其厚度不得小于 600 mm,每个密闭前都要设反水池和灌浆管。

(2)每个抽放钻场的抽放瓦斯管上都要有阀门、观测孔、流量计(或流量孔)、水柱计和放水装置。在检查时主要检查漏气情况和孔内温度,当温度高时,要及时通知有关人员灌浆注水,以防采空区着火。

六、煤与瓦斯突出的安全检查

1. 区域性防突措施检查

(1)预抽瓦斯。当突出煤层的透气性系数等于或大于 0.001 mD时,应采取预抽瓦斯措施,如果没有采取就不合格。采取了措施后,突出煤层残余瓦斯含量应小于该煤层在该突出区域始突出深度的煤层原始瓦斯含量,大于为不合格。计算煤层瓦斯预抽率是否大于 25%,大于 25%为合格,小于 25%为不合格。

(2)开采保护层。检查保护层与被保护层间的距离是否满足保护层的保护范围;开采保护层是否报总工程师批准;开采保护层时,采空区是否留有煤柱,如果非留煤柱不可时,是否经总工程师批准。

(3)效果检验。预抽煤层瓦斯或开采保护层以后,必须进行效果检验。主要检查 4 个指标:煤的破坏类型、瓦斯放散初速度、煤的坚固性系数、煤层瓦斯压力,其中有一项指标不符合要求,说明突出危险依然存在,还需要重新采取措施。

2. 突出煤层中施工的检查

(1)突出煤层中施工的通风系统的现场检查。突出煤层施工中应该具备独立回风系统,在现场检查中,发现突出煤层施工的回风进入其他采掘区域时,要立即停止工作,并追究责任。

(2)突出矿井巷道布置的现场检查。如果不符合要求,要通知有关部门立即整改。

3. 局部防突措施的检查

(1)石门揭穿突出危险煤层时的主要检查项目:在石门工作面距突出煤层 10 m 以内是否有防治突出的专门设计和措施,并报总工程师批准。如果没有设计和专门措施和煤业公司总工程师没有批准时,应立即停止石门掘进。

石门是否布置在地质构造复杂的破坏地带,检查时可以根据巷道布置的地质资料剖面图对照检查。石门与突出煤层中已掘巷道贯通时,该巷道应超过石门贯通位置 5 m 以上,并保持正常通风。

(2)对石门揭穿突出危险煤层专门设计内容的检查:应对照专门设计图纸以及施工取岩芯记录资料进行。在石门距煤层 10 m 时,应打 2 个穿煤层全厚的钻孔,钻孔一直打到煤层顶(底)板不小于 0.5 m 处,其倾角不同,可以保证准确地掌握煤层厚度、倾角变化、地质构造和瓦斯情况。

在距突出煤层 5 m 时打 2 个测压钻孔,测定突出煤层的瓦斯压力,当瓦斯压力大于 1 MPa 时,必须采取防突措施;只有当瓦斯压力小于 1 MPa 时,才能揭穿石门。现场检查时,既可查看实测瓦斯压力资料,也可实际观察现场实测孔的压力表。

(3) 石门揭穿突出煤层留设岩柱的检查:要根据防治突出措施和岩石的性质、煤层的倾角进行。急倾斜煤层岩柱厚度不得小于 3 m,缓倾斜煤层岩柱厚度不得小于 2 m。如果瓦斯压力大于 1 MPa,而且突出煤层的厚度大于 0.3 m,在条件不符合要求时,禁止用震动性爆破揭穿煤层,必须采取另外的防突措施。

不管采取哪种防突措施,都必须进行效果检验的检查,如果检验结果中 4 项指标有 1 项达不到要求,就不能揭穿突出煤层。

(4) 石门揭穿突出危险煤层时,震动性爆破的规定和专门设计的检查的重点内容有:揭穿突出煤层前是否有防突措施,是否进行效果检验,检验是否符合要求;是否有独立可靠的回风系统;是否在入风侧设置 2 道坚固的反向风门;对原煤层是否从顶(底)板都是按震动性爆破措施管理;爆破参数、爆破地点、避灾路线、停电、撤人、警戒范围、自救器、专职瓦斯检查员等安全防护措施是否采取。措施不全,无专门设计,设计不经矿总工程师批准的,都不准进行揭穿突出煤层的工作。

七、矿井防尘的安全检查

(1) 矿井必须健全防尘管理制度,组建防尘组织和队伍,做到制度健全,责任具体,管理严格,防尘措施落实有效。

矿井每年应制定综合防尘措施、预防和隔绝煤尘爆炸措施及管理制度并组织实施。

矿井应每周至少检查 1 次隔爆设施的安装地点、数量、水量或粉量及安装质量是否符合要求。

(2) 矿井必须建立完善的防尘供水设施。没有防尘供水管路的采掘工作面不得生产。主要运输巷、带式输送机斜井与平巷、上山与下山、采掘运输巷与回风巷、采煤工作面运输巷与回风巷、掘进巷道、煤仓放煤口、卸(转)载点等都必须敷设防尘供水管路,并安设支管和阀门。

（3）井下所有煤仓和溜煤眼都应保持一定的存煤,不得放空;有涌水的可以放空,但放空后放煤口闸板必须关闭并设置导水管。溜煤眼不得兼作风眼使用。

（4）对产生煤（岩）尘的地点应采取防尘措施:

① 掘进井巷和硐室时,必须采取湿式钻眼、冲洗井壁巷帮、使用水炮泥、爆破喷雾、转煤（岩）洒水和净化风流等综合防尘措施。

② 采煤工作面应采取煤层注水防尘措施。

③ 炮采工作面应采取湿式打眼,使用水炮泥;爆破前、后应冲洗煤壁,爆破时应喷雾降尘,出煤时洒水。

④ 采煤机必须安装内外喷雾装置,割煤时必须喷雾降尘,喷雾水压必须符合要求。无水或喷雾装置损坏时必须停机。掘进机作业时,应使用内外喷雾装置。如果内喷雾水压小于 3 MPa 或无内喷雾装置,则必须使用外喷雾和除尘器。

液压支架和放顶煤采煤工作面的放煤口,必须安装喷雾装置,降柱、移架或放煤时同步喷雾。破碎机必须安装防尘罩和喷雾装置或除尘器。

⑤ 采煤工作面回风巷应安设风流净化水幕。

⑥ 井下煤仓溜煤眼放煤口、输送机转载点和卸载点以及地面筛分厂、破碎车间、皮带走廊、转载点等地点,都必须安设喷雾装置或除尘器,作业时进行喷雾降尘或用除尘器除尘。

⑦ 在煤岩层中钻孔,应采取湿式钻孔。

（5）开采有爆炸危险的矿井,必须有预防或隔绝煤尘爆炸的措施。矿井的相邻两翼、相邻的煤层、相邻的采煤工作面间,煤层掘进巷道与其相连的巷道间,煤仓间与其相连通的巷道,必须采用水棚或岩粉棚隔开。

必须定时清除巷道中的浮煤,清扫或冲洗沉积煤尘,定期撒布岩粉;定期对主要大巷刷浆。这些措施和具体时间应有明确规定。

八、矿井防灭火的安全检查

（1）生产和在建矿井必须制定井上、下防火措施，并且要明确建立矿井防灭火责任制度，加强领导，严格管理，防止和杜绝矿井火灾。

（2）矿井必须设地面消防水池和井下消防管路系统。井下消防系统应每隔 100 m 设置支管和阀门，但在带式输送机巷道中应每隔 50 m 设置支管和阀门。

（3）井下严禁使用灯泡取暖和使用电炉。

（4）井下和井口房内不得从事电焊、气焊和喷灯焊接工作。如果必须在井下主要硐室、主要进风巷和井口房内进行电焊、气焊和喷灯焊接工作，每次必须制定安全措施并遵守《煤矿安全规程》中有关规定。

（5）井下使用的汽油、煤油和变压器油必须装入盖严的铁桶内，由专人押运送至使用地点，剩余的上述油品必须运回地面，严禁在井下存放。

井下使用的润滑油、棉纱、布头和纸等，必须存放在盖严的铁桶内，用过的上述物品也必须放在盖严的铁桶内，并由专人定期送到地面处理，不得乱放乱扔。严禁将剩油、废油泼在井巷和硐室内。

井下清洗风动工具时必须在专用硐室内进行，并必须使用不燃性和无毒性的清洗剂。

（6）井上、下必须设置消防材料库并遵守《煤矿安全规程》的有关规定。

（7）井下爆炸材料库、机电设备硐室、检修硐室、材料库、井底车场、使用带式输送机或液力耦合器的巷道以及采掘工作面附近的巷道中，应备有灭火器材，其数量、规格和存放地点，应在灾害预防和处理计划中确定。井下工作人员必须熟悉灭火器材的使用方法,并熟悉本职工作区域内灭火器材的存放地点。

(8) 在开采容易自燃和自燃煤层时,在采区要有符合《煤矿安全规程》要求的防火设计。采煤工作面回采结束后,必须在 45 d 内进行永久封闭。采用放顶煤采煤法开采容易自燃和自燃的厚及特厚煤层时,必须编制防止采空区自然发火的设计,并遵守《煤矿安全规程》的有关规定。

(9) 在容易自燃和自燃的煤层中掘进巷道时,对巷道中出现的冒顶区必须及时进行防火处理(如喷浆封闭等),并定期检查。

(10) 任何人发现井下火灾时,应视火灾性质、灾区通风和瓦斯情况,立即采取一切可能的方法直接灭火,控制火势,并迅速报告矿调度室。矿调度室接到井下火灾报告后,应立即按灾害预防和处理计划通知有关人员,组织抢救灾区人员和实施灭火工作。

矿调度室和在现场的区、队、班组长应依照灾害预防和处理计划的规定,将所有可能受火灾威胁地区中的人员撤离,并组织人员灭火。电气设备着火时应首先切断其电源,在切断电源前只准使用不导电的灭火器材进行灭火。

抢救人员和灭火过程中,必须制定专人检查瓦斯、一氧化碳、煤尘、其他有害气体和风向风量的变化,还必须采取防止瓦斯、煤尘爆炸和人员中毒的安全措施。

(11) 井下火区管理、监测以及启封火区的工作都必须有具体规定制度和措施,要符合《煤矿安全规程》的有关规定。

九、安全监测系统的检查

(1) 甲烷等传感器数量是否满足生产要求,甲烷传感器是否垂直悬挂,距顶板不大于 300 mm,距巷道侧壁不小于 200 mm;风速、压差、温度、一氧化碳传感器是否悬挂在能正确反映该点测值的地点。

(2) 井下主机或分站是否安设在便于人员观察、调试、检验,支护良好,无滴水,无杂物的进风巷或硐室之中;是否加垫支架,距巷道底板不小于 300 mm 或悬挂在巷道之中。

（3）井下监测设备之间是否使用不延燃电缆连接，每隔 100 m 是否有长度为 100 mm 的黄色标志。

（4）声、光报警器是否悬挂在经常有人工作，便于观察的地点。

（5）中心站是否配备备用计算机、打印机和显示器，使用不间断电源。

（6）设备备用量是否不小于 20%，并配有零配件和维修校正用仪表。

（7）是否每隔 7 d 使用校准气样和空气样，按产品说明书的要求对甲烷传感器、甲烷检测仪、甲烷报警矿灯等进行一次调校，其他传感器是否按使用说明书要求定期调校。

（8）设施发生故障，井下无法处理时是否在 24 h 内更换。

（9）设施在井下连续运行 6～12 个月后，是否全部运到井上进行全面维修。

（10）是否建立健全安全监测系统管理制度、安全监测员岗位责任制，并有效实施。

（11）是否建立设备仪表台账、装置故障登记表、检修记录、巡检记录、中心站运行日志、装置使用情况月报、季报、监测信息是否及时呈报有关部门和人员。

十、矿井"一通三防"重大事故隐患的安全检查

矿井"一通三防"工作由于涉及面广，客观存在着众多不安全因素，稍有疏忽即可能形成重大事故隐患，尤其是高瓦斯矿井、煤与瓦斯突出矿井，以及低瓦斯矿井中地质条件复杂、瓦斯涌出异常的区域。矿井"一通三防"常见重大事故隐患及检查方法主要有四个方面。

1. 矿井通风系统隐患的安全检查

（1）通风系统不合理，通风设施不齐全，出现无风、微风、采空

区风、循环风以及不合理的串联风、扩散风。

（2）通风风流稳定性差，抗干扰能力低，时常出现风门同时打开造成风流短路的现象。

（3）井下存在敞口盲巷；采煤工作面结束 45 d 内或采区结束 1 个半月内未进行永久密闭。

（4）局部通风机未装置"三专两闭锁"；1 台局部通风机同时向多个掘进工作面供风；时常出现局部通风机无计划停电、停风；局部通风机产生循环风；局部通风机停止运转后不及时撤出人员，切断电源，停止工作。

（5）掘进风筒漏风大，末节风筒距离工作面过远，造成工作面风量不足，仍继续工作。

（6）巷道贯通后，不及时调整通风系统，造成瓦斯积聚。

2. 瓦斯隐患的安全检查

（1）在瓦斯超限情况下照常作业，不采取措施。

（2）采煤工作面上隅角、回风巷瓦斯经常超限，未采取有效措施；掘进巷道高顶高冒未及时处理；巷道出现层状瓦斯积聚。

（3）对瓦斯涌出异常区域未编制和执行专门的安全措施；对瓦斯涌出严重的采掘工作面，不按规定进行装备、检查、检验、维修。瓦斯检测设备没有得到正常使用。

（4）瓦斯检查空班、漏检、伪造检查数据，不按规定检查盲巷。

（5）工作区域瓦斯超限时，不及时切断电源，撤出人员，停止工作；不及时汇报和采取措施进行处理。

（6）作业地点瓦斯或二氧化碳浓度达到 3% 不能立即处理时，未能在 24 h 内封闭。

（7）处理巷道积聚瓦斯时，不制定和执行排放瓦斯措施；未通知矿山救护队而自行探察或排放瓦斯；瓦斯排放时，回风区域不断电撤人和设警戒，不控制向盲巷供风。

（8）有煤与瓦斯突出危险的采掘工作面未采取切实可行的防

突措施,存在较大发生突出的可能。

（9）随意改变瓦斯监测探头吊挂位置,擅自调整瓦斯监测仪指示或堵塞防护罩,造成检测失真。

3．矿尘隐患的安全检查

（1）防尘系统不完善;采掘工作面无防尘管路,防尘设施不健全,使用不正常。

（2）未建立健全的除尘制度,不按规定冲刷、清扫煤尘,造成厚度超过 2 mm、长度超过 5 m 的煤尘积聚。

（3）采煤机、掘进机无水开动;内外喷雾装置不合格或使用不正常;各运煤转载点喷雾洒水装置不全、不灵敏,造成煤尘浓度严重超限。

（4）工作面打干眼。

（5）有瓦斯煤尘爆炸危险的采掘工作面不使用乳化炸药,不采用毫秒爆破。

（6）采掘工作面打浅眼、放小炮;放崩炮、糊炮、明炮;爆破处理溜煤眼、煤仓堵塞时违反有关规定。

4．防灭火隐患的安全检查

（1）未建立健全矿井消防系统;井上、下未建立消防库,或库内器材、工具不齐全,不定期检查更换。

（2）有自然发火危险的煤层不执行防火措施。

（3）井下电焊、气焊、拍摄、录像时,无安全措施或不按措施执行;无通防、安监人员现场检查和监督。

（4）采空区密闭、采区回风巷、巷道高顶高冒处及其他无人工作和一般人员不行走的巷道,不按规定检查有害气体。

（5）火区管理不善;永久防火墙无观测孔和放水孔,不按规定进行管理;启封火区不执行《煤矿安全规程》的规定。

（6）井下使用的电缆、风筒、带式输送机的输送带等不阻燃;带式输送机无低速保护,无烟雾报警和超温自动洒水断电装置;

带式输送机机巷无消防管路,机头硐室无沙箱和合格灭火器。

第四节　煤矿防治水的安全检查

一、地面防治水的安全检查

地面防治水的安全检查的重点是地面防治水工作的有效性。应按有关规定要求,通过防治水现状的调查,结合矿井水文记录,进行检查分析,发现问题后,及时通知整改。

1. 对矿井周围老空的检查

(1) 老空位置及开采情况。包括:井筒的位置、地面标高、井深、井径,开采煤层层数,各煤层开采范围,巷道布置情况、巷道规格,产量,与相邻老空的关系,开采起止时间,停产原因。

(2) 老空的地质情况。包括:煤层厚度及其变化、层间距、产状,煤的软硬程度、顶、底板岩性,断层的位置、方向,断层之间的充填物、胶结性,断层是否出水等。

(3) 水文地质情况。包括:开采期间的排水情况,是否发生过透水事故,出水地点、原因、水的来源,废弃小煤窑的积水水位,地面河流。湖泊、泉水和水沟等水体与老空的关系,雨季是否向老空灌水。

(4) 地面塌陷深度、范围和塌陷裂缝的情况,雨季是否向老空灌水。

2. 对地面工业广场防治水工程及措施的检查

(1) 地面工业广场(包括风井)是否选择在不受洪水威胁的地点。

(2) 当地面工业广场标高低于历年最高洪水位时,其井口(包括风道、管子道及人行道)及主要建筑物(如变电所、绞车房等)是否加高于洪水位之上。

(3) 工业广场坡面汇集水是否修建防洪堤坝或截住山洪内

侵;四周环山的场地是否利用地形构筑隧洞泄洪,其防洪堤坝、截水沟、隧道是否牢固并经常检查修理。

(4)工业广场及居民区沿河流布置时,是否修筑防洪堤坝,防洪堤坝是否按最大洪水水位建筑,其质量是否符合要求,是否在雨季前修筑好。

(5)矸石、炉灰及工业广场施工的废土石及杂物是否弃于河中,废物排弃场地、矸石山等是否设在山洪暴发的方向,是否有避免淤塞河床、沟渠而造成洪水泛滥的措施。

(6)在内涝区和洪水季节河水有倒流现象的矿井是否在泄洪总沟的出口处建立水闸,设置排洪站,以备河水倒灌时落闸,向外排水。

3. 对地面露头带截洪防渗工程及措施的检查

(1)在地面露头带以外垂直来水方向是否修筑截洪沟拦截洪水,是否根据地形条件将水引出防护区以外,截洪沟面的质量是否符合要求,在雨季之前是否进行维修。

(2)浅部保护煤柱是否留够,是否能减少大气降水或地表水沿煤层露头向矿井渗入的水量。

4. 对填塞地面渗水通道工程及措施的检查

地面塌陷裂缝、塌陷洞、老空等都可能成为地表水直接或间接流入井下的通道,因此必须在雨季前进行填塞处理,并及时检查。

(1)塌陷区及塌陷裂缝是否沿塌陷裂缝挖沟向缝内填土,处理得是否符合规定。

(2)对吸水口尚未充分裸露的塌陷洞是否采用片石混凝土浇灌,并在堵住洞口后回填泥土;大而深的塌陷洞下挖不见基石时,是否在较坚硬的地段上铺一层厚度 0.5 m 左右的浆砌片石,并在其上填土夯实;当塌陷洞发生在井下,并大量向下泄水时,是否对基石进行检验处理,其检验的方法措施是否恰当。

5. 对经过塌陷区或透水岩层的河流、沟渠处理的检查

(1)检查经过塌陷区或透水岩层的河流、沟渠是否有旋涡等

向井下漏水的现象发生,有漏水时对沟渠、河流是否及时进行防堵,是否将水引向井田以外。

（2）整铺河底和旧渠时是否采取混凝土弧形河槽、片石弧形河槽的方法进行施工,其质量是否符合标准。

（3）当整铺河底无效时,是否根据地形、地质、水文情况,因地制宜地将河床或沟渠改道,其改道的质量是否符合要求。

6. 对地面钻孔的检查

（1）地质勘探孔终孔后,是否按照设计要求进行封孔,封孔的质量是否达到不漏水的要求,有无封孔报告。

（2）对于下部含水层的水文观测孔,对上部未疏干的各含水层是否在套管外用灰浆封闭。

（3）排水孔、电缆孔,瓦斯抽采孔、充填孔等地面钻孔,在终孔结束时,是否将孔口加高,孔壁是否封堵严密。

7. 对矿井防治水资料的检查

（1）矿井的防治水规划和计划是否内容齐全、措施得当。

（2）是否有年度防治水计划,是否经上级主管部门审批并认真实施。

（3）是否成立了"三防"指挥部,雨季之前是否认真检查和落实了各项防治水措施。

（4）防洪防汛的人力、物力是否足够,防汛期间有无人值班。

二、井下防治水的安全检查

1. 对留设的隔离煤柱的检查

（1）井田边界的隔离煤柱是否根据煤层的赋存条件、岩石性质、净水高度以及煤层开采后上覆岩层移动角、导水裂缝带高度等因素留设,留设是否合理。

（2）下列煤柱留设是否符合规定:

单一煤层沿煤层走向的隔离煤柱;单一煤层沿煤层倾斜方向的隔离煤柱;煤层群开采时,上层煤与下层煤的间隔小于和大于下层煤开采后的导水裂缝带高度时的下层煤的隔离煤柱;断层边界的边界隔离煤柱由角砾岩组成,煤层与强含水层接触并被其局部掩盖,含水层顶面高于导水裂缝带上限时的隔离煤柱;断层边界的边界隔离煤柱由角砾岩组成,煤层与强含水层接触并被其局部掩盖,其导水裂隙带上限高于断层上盘含水层和煤层时的隔离煤柱;断层为界的边界隔离煤柱由角砾岩组成,断层位于含水层上方或与含水层接触,断层上盘含水层顶面与断层相交至下盘煤层之间的最小距离小于或等于安全水头值时的隔离煤柱。

(3) 断层边界的边界隔离煤柱由角砾岩等组成,煤层位于含水层上方或与含水层相接触,断层上盘含水层顶面与断层相交点至下盘煤层之间的最小距离小于或等于安全水头值时,断层两侧是否各留 20 m 隔离煤柱。

2. 对水淹区下开采时留设的隔离煤柱的检查

(1) 掘进巷道与积水体之间留煤(岩)柱的最小距离是否符合规定。

(2) 在水淹区的同一煤层中进行开采时,其隔离煤柱的尺寸是否根据赋存条件、地质构造、静水压力、开采后上覆岩层移动角和导水裂缝带高度确定。

(3) 在水淹区下方的邻近煤层中进行开采时,所留的隔离煤(岩)柱是否小于导水裂缝带最大高度加上水淹区底部扒缝深度和保护带厚度。

3. 对探水线的检查

(1) 对本矿井采掘工作造成的老空、老巷、硐室等积水区,其边界位置准确、水文地质条件清楚、水压不超过 0.98 MPa 时,探水线至积水区的最小距离在煤层中不得小于 30 m,在岩层中不得小于 20 m。

(2) 对本矿井的积水区,虽有图纸资料,但不能确定积水区边界位置时,探水线至推断的积水区边界的最小距离不得小于

60 m。

（3）对有图纸资料的老空区，探水线至积水边界最小距离不得小于 60 m；对没有图纸资料可查的老空区，应坚持有疑必探、先探后掘的原则。

（4）掘进巷道附近有断层或陷落柱时，探水线至最大摆动范围预计煤柱的最小距离应小于 60 m。

（5）石门揭开含水层前，其探水线至积水边界最小距离应小于 20 m。

4. 巷道穿过同河流、湖泊、溶洞、含水层等有水力联系的断层、裂缝破裂线时的安全措施的检查

（1）掘进过程中是否探水前进，是否通过超前探孔了解断层、裂缝破裂的宽度、含水层和水压等。

（2）是否根据钻探资料在巷道穿过破碎线之前分别采取预注浆和疏放水的措施。遇到断层、裂缝破裂线同河流、湖泊、水源充沛的溶洞和含水层联系密切时，是否采取预注浆的措施；破裂线同水源贫乏、以降水为主的溶洞和含水层发生水力联系时，是否采取疏放水的措施。

（3）当资料不充分、预计涌水量不可靠或预计矿井涌水量大于矿井工作水泵排水能力的 20% 时，是否砌筑防水闸门。

（4）穿过破裂线的一般巷道，每次掘进的长度是否超过 2 m，紧接砌碹加底拱，其范围是否超过破裂带两侧各 10 m，碹内是否预留注浆管，注浆压力是否低于 0.78 MPa。

5. 对采掘隔离煤柱的检查

（1）开采水淹区域下的隔离煤柱时，是否在积水完全排除以后进行，是否有安全措施。

（2）对于盲洞、巷道冒顶矸石被淤塞或被断层隔离而形成的孤立积水和重新积水，是否执行探放水措施。

（3）在掘透老空前是否认真检查有毒有害气体情况，当发现

有毒有害气体时,是否采取了预先放出的措施,掘透老空后,是否加强通风,吹散有毒有害气体,避免再度积聚。

(4)在采掘隔离煤柱时是否有加强支护、预防顶板塌落事故的措施。

6. 对带压开采防止突水的检查

(1)矿井是否加强了水文地质工作,是否随工作面的推进观测所遇到的地质、水文地质现象,对原有资料进行修改、补充。

(2)开始采掘工作前,是否提供地质说明书,开展短期地质、水文地质预报工作,预报地质和突水因素。

(3)在编制采掘设计和作业规程时,是否根据水文地质资料提出防治水的措施。

(4)在采掘时,是否坚持有疑必探、先探后掘的超前钻探制度。

(5)对较大断层、防水煤(岩)柱、断层下盘进行采掘时,是否采取切实可行的措施。

(6)穿过落差较大和导水性能良好的断层时,是否严格执行《煤矿安全规程》有关规定。

(7)是否在适宜地点构筑防水闸门。

(8)是否配备超过承压含水层最大突水量的排水设施,其水泵管路质量是否达到要求。

(9)开采方法及顶板管理是否适应带压开采的需要,能否减少矿山压力对煤层底板的影响作用。

7. 疏放降压开采含水层威胁的煤层的检查

(1)是否制定安全措施,报(集团)公司总工程师批准。

(2)当煤层的上覆和底板岩层中有强含水层与煤层的间距小于因采掘活动所产生的冒落导水裂缝高度,煤层顶底板隔水层每米承受的水压大于某一极限值时,是否有计划地采取控制疏水降压措施,是否将含水层的压力降到隔水层所允许的安全水头值以下。

（3）是否在疏水前进行打钻测压,钻孔的质量是否符合标准,有无安全措施,疏水设备是否齐全、合理。

8. 对井下防水闸门的检查

（1）防水闸门和闸门硐室是否有漏水的地方。

（2）防水闸门和硐室前后两侧是否分别砌筑 5 m 混凝土砌碹,碹后是否用混凝土填实,有无空帮空顶,是否用高标水泥进行注浆加固;注浆压力是否与防水闸门设计压力相符等。

（3）防水闸门与箅子门之间有无停放车辆和堆放杂物。

（4）通过防水闸门的铁道、电机车架空线是否灵活易拆,在关闭时能否迅速拆除。

（5）防水闸门是否安设有观测水压的装置,有无放水管和防水闸阀。

（6）防水闸门是否进行耐压试验,是否符合标准,有无试验记录。

（7）关闭防水闸门的工具和零件是否存放在指定的专门地点,有无专人负责保管,有无丢失和挪作他用的现象。

（8）是否建立有防水闸门的检修维护制度,有无专职责任制。

（9）防水闸门的设备、附件和工具是否完好无缺,门扇关闭是否灵活、密封,接触是否良好,门框与混凝土的接触处有无新的裂缝损伤,闸门是否质量完好。门扇在日常开启状态下,其下是否加支撑。每年是否对门扇、门框进行一次刷油。

三、井下探放水与重大事故隐患的安全检查

（一）井下探放水的安全检查

在矿井遇到含水体时是否坚持有疑必探、先探后掘的探放水原则。

1. 探放水作业前的检查

（1）探水前是否加强钻孔附近的巷道支护、背好帮顶,是否在迎头打好坚固的立柱和栏板。

（2）是否清理好巷道的浮煤，挖好排水沟。

（3）在打钻地点附近是否安设有专用电话。

（4）是否有测量和负责探放水人员亲临现场指挥，确定探水钻孔方位、角度、钻孔数目和钻进深度。

2. 探放水作业中的检查

（1）当钻孔钻进时，发现煤岩松软、片帮、来压或钻眼中水压、水量突然增大或顶钻等异常时，必须停止钻进，但不得拔出钻杆，应立即向矿调度室报告，并派人监测水情；当发现情况危急时，必须立即撤出所有受水威胁地区的人员，并采取措施，进行处理。

（2）探水钻机后面和前面给进手把活动范围内不得站人。

（3）钻眼接近老空，预计可能有瓦斯或其他有毒气体涌出时，必须有瓦斯检查员或矿山救护队在现场值班检查空气成分。如果瓦斯或其他有毒有害气体超过《煤矿安全规程》的有关规定，必须停止打钻，切断电源，撤出人员，并报告矿调度室采取措施，进行处理。

（4）钻孔放水前，必须考虑积水量，根据矿井排水能力和水仓容量控制放水眼的流量，同时观测水压变化。

（5）钻孔内水压过大时，可采用孔口防喷帽、防喷接头和盘根密封防喷器等反压、防压装置。

（6）钻孔内流量突然变小或突然断水时，要通孔 3～5 次，并补打检查孔核实是否将水放净；钻眼流量变大时，要通知泵房增开水泵台数，并通知水文地质人员分析增大原因，采取相应的措施。

3. 井下探放水后掘进施工的检查

（1）探水巷道的掘进断面是否过大，是否同时有 2 个安全出口，双巷掘进时是否在横贯两巷之间开掘安全躲避硐。

（2）掘进巷道的坡度是否有起伏不平的现象发生。

（3）掘进工作面有透水征兆时，是否停止掘进，加固支架，并将人员撤到安全地点，向调度值班人员汇报；值班领导是否组织有关人员到现场查看分析情况。当发现情况危急时，是否立即发出警报，撤出所有受威胁地点的人员。

（4）上山方向的水害未消除或正在探水时，是否执行了必须暂停工作的规定。

（5）探到老空并已放水的掘进工作面，不能马上与老空区掘透，在施工过程中是否重打检查眼进行探水。

（6）在探水巷道掘进时是否严格掌握巷道的掘进方向，如因地质变化偏离时，是否进行补充钻探或采取其他措施予以补救。

（7）在掘进时是否经常注意盲巷、老空积水或断层隔离而形成的孤立积水区。

（8）是否选择合理的掘进巷道爆破方法，是否在探水眼严密掩护下，保持设计超前距离和帮距时采取多打眼、少装药、放小炮的方法。

（9）是否严格执行炮眼或掘进头有出水征兆，超前距离不够或偏离探水方向，掘进支架不牢固或空顶超过规定时不装药的规定。

（10）在上山巷道或坡度大的开采层斜石门掘进接近老空爆破时，是否将所有人员撤到联络巷或下边平巷中。

（11）掘进打眼沿麻花钻杆向外流水时，是否停止工作，是否设法固定并向调度室汇报听候处理。

（12）老空放水后允许恢复掘进时，当掘进离老空 $3\sim5$ m 处是否先用煤电钻打眼进行检查；当确系老空水放净后，是否先用小断面从放水钻孔上方与老空区掘透。

（13）掘进中班（组）长是否执行现场交接班制度，对允许掘进剩余的距离可能出现的问题等是否清楚。

（14）掘进到批准位置时，其最后 0.5 m 是否停止爆破，用手镐采齐迎头。

4. 排放被淹井巷积水措施的检查

（1）排出井筒和下山的积水前，是否有矿山救护队检查水面上的空气成分，发现有害气体时是否处理。

（2）用于排水的一切电气设备是否是防爆型的，有无"鸡爪子"、"羊尾巴"、明线接头等。

（3）井筒排水是否使用明火、明刀闸开关，照明灯是否防爆。

（4）是否定期检查水面的空气成分，发现有害气体时，是否及时开动准备好的局部通风机，吹散有害气体。

（5）斜井或下山排水时，已露出水面井巷部分的通风系统是否及时构成，缩短局部通风机的通风距离，提高局部通风机效用。

（6）是否在马头门露出水面之前，提前开动主要通风机，使马头门露出后，瓦斯或其他有害气体顺回风流抽出，避免有害气体涌入井筒。

（二）矿井防治水重大事故隐患的安全检查

（1）采区设计和作业规程无防水措施；对含水层、积水区和其他水体不执行"有疑必探、先探后掘"的原则。

（2）采掘工作面开工前，未提供地质说明书；未开展水文地质预测预报；不能及时、准确、齐全地填绘矿井水文地质图纸件。

（3）矿井各类防水隔离煤柱的留设不符合《煤矿防治水工作条例》和《矿井水文地质规程》；擅自改变防水隔离煤柱尺寸进行采掘作业。

（4）对有突水淹井危险的含水层、积水区和含水构造带，未进行物探、钻探，未按设计要求进行分区隔离。

（5）周边小井、老窑对矿井安全生产有重大影响，而未将其资料及其影响范围及时填绘在矿井采掘工程平面图上；不及时排查预报水害。

（6）探放水过程中，孔口管下置深度不符合《煤矿安全规程》

的要求,不进行耐压试验或耐压试验不符合设计标准;水压为2 MPa时,不安设防喷或反压装置;斜巷或采区巷道中探水时,不撤出受突水威胁区域的人员,或上面探水时,下面有人作业。

(7)带压开采没有安全技术措施。

(8)井下排水系统未按设计要求及时形成并达到规定的排水能力,每年雨季前未进行水泵联合试运转。

(9)防水闸门每年未进行2次关闭试验,并定期检查维修。

(10)在受威胁区域工作的人员不熟悉透水预兆;工作地点未设立避灾路线或路线不通;掘进工作面或其他地点出现透水预兆时,不停止作业、撤出人员及采取措施进行处理。

(11)对水文地质条件复杂的矿井,每月未进行水害排查,或未按排查意见实施。

第五节 矿井机电系统的安全检查

煤矿井下电气事故主要有人身触电事故、电气火灾事故、电气设备引爆瓦斯或煤尘事故和停电引起的瓦斯超限事故等。因此,煤矿井下电气设备的检查主要包括防止触电、防止电气火灾、电气防爆和安全供电等方面。其检查重点主要有以下几个方面:

(1)矿井供电线路是否符合《煤矿安全规程》的有关规定。

(2)用于煤矿井下的电气设备是否符合《煤矿安全规程》的有关规定,防爆型电气设备是否达到防爆标准的要求。

(3)矿用电气设备的过流保护装置的整定、熔断器的选择是否符合有关规定。

(4)煤矿井下电网漏电保护和煤电钻综合保护是否灵敏可靠。

(5)井下电气接地系统是否完好。

(6)矿井安全监控装备是否按要求装备、使用与维护。

（7）井下电缆的管理和使用是否符合《煤矿安全规程》的规定。

（8）井下变配电硐室、机电设备硐室的构筑是否符合《煤矿安全规程》的规定。

（9）在井下电气设备检修和停送电作业中，是否有违章指挥和违章作业情况。

一、矿井供电的安全检查

（一）地面供电线路的安全检查

矿井用电及主要通风机、提升设备等均属一类负荷，必须保证矿井和主要设备供电的安全可靠。检查的主要内容如下：

（1）应有两回电源线路。

（2）两回电源线路分别来自区域变电所和发电厂。

（3）任一回路均能担负矿井全部负荷。

（4）电源线路上均不得接任何负荷。

（5）严禁装负荷定量器。

（6）两回路架空电源线不能共杆架设。

（7）防断线检查巡检记录。

（8）防倒杆事故检查巡视记录。

（二）井下电缆的安全检查

1. 电缆选用的检查

（1）电缆实际敷设地点水平差是否与规定的允许敷设水平差相适应。

（2）采区工作面电源电缆油浸纸绝缘是否达到要求。

（3）电缆是否带有供保护接地用的足够截面的导体。

（4）是否采用铝芯电缆的检查。

在进风斜井、井底车场及其附近、井下主变电所至采区变电所之间的电缆可采用铝芯，其他地点的电缆不得采用铝芯电缆；

采区低压电缆严禁采用铝芯电缆;发现铝芯电缆的连接盒温度较高时,是否停电处理;接地线是否使用铝芯电缆;在进风斜井、井底车场及其附近、中央变电所至采区变电所之间,可以采用铝芯电缆。

(5) 是否采用取得煤矿矿用产品安全标志的阻燃电缆。

(6) 固定敷设的高压电缆的选用是否符合固定要求。

(7) 固定敷设的低压电缆是否采用铠装电缆或非铠装电缆或对应电压等级的移动橡套软电缆。

(8) 非固定敷设的高低压电缆是否采用 MT 818 标准的橡套软电缆。移动式和手持式电气设备是否使用专用橡套电缆。

(9) 照明、通信、信号和控制用的电缆应采用铠装或非铠装通信电缆、橡套电缆、MVV 型塑力缆。

(10) 电缆主线芯截面的检查。

电缆正常工作负荷电流应不大于电缆允许的持续电流;电动机启动时的端电压不得低于额定电压的 75%;正常运行时,最远处电动机的端电压下降值不得超过额定电压的 7%～10%;电缆的机械强度应满足生产设备的要求。

2. 电缆敷设与悬挂的检查

(1) 在机械提升的进风倾斜井巷(不包括输送机上、下山)和使用木支架的立井井筒地点敷设电缆时,应有可靠的安全保护措施。

(2) 电缆是否悬挂,电缆挂钩、夹子、卡箍(立井和 300 m 以上斜井)是否齐全,悬挂的安全高度和距离是否符合要求,悬挂高度是否影响运输,在矿车掉道时是否受撞击,坠落时是否会落在轨道或输送机上。

(3) 电缆是否遭受淋水、侵蚀,是否悬挂在风管或水管上;回风管、水管同一侧敷设时,电缆是否在其上方。

（4）电话和信号的电缆是否同电力电缆分挂在井巷两侧；在井筒内受条件限制时，是否敷设在电力电缆 0.3 m 以外；在巷道内，是否敷设在电力电缆上。

（5）高、低压电缆在巷道同侧敷设时，是否符合规定。

（6）电缆穿过墙壁时，是否用套管保护；电缆沿线每隔一定距离是否有标志牌标明用途、电压、编号等。

（7）敷设电缆的最小允许弯曲半径是否符合规定。

3. 电缆连接的检查

（1）电缆同电气设备的连接是否使用与电气设备性能相符的接线盒。

（2）电缆芯线是否使用齿形压线板（卡爪）或线鼻子同电气设备进行连接。

（3）不同型电缆（如纸绝缘电缆同橡胶电缆或塑料电缆）之间是否直接连接，是否用符合要求的接线盒、连接器或母线盒进行连接。

（4）同型电缆之间直接连接时，是否符合规定。

（5）电缆与电缆的连接以及电缆与电气设备的连接，是否通过电缆接线盒、插销连接器、母线盒等连接装置，不得有明接头、冷包头和"鸡爪子"、"羊尾巴"。

（6）电缆应整体进入电缆引入装置，并用防止电缆拔脱装置压紧。

（7）高压油浸纸绝缘电缆相互连接用的电缆接线盒中，应灌注绝缘填充物。

（8）井下橡套电缆直接连接时，是否按规定采用硫化热补或同硫化热补有同等效能的冷补工艺进行连接，不应有冷接头。

（三）井下电网过流保护的安全检查

1. 选择电气设备的检查

（1）电气设备额定电压与所在电网的额定电压是否相适应。

（2）所选电气设备的额定电流应大于或等于它的长时最大实际工作电流。

（3）电缆截面的选用是否符合设备容量的要求。

（4）高、低压开关设备切断短路电流的能力,即开关的额定断流容量是否大于或等于线路可能产生的最大三相短路电流(其短路点应选在开关的负荷侧端子上)。

2. 电气设备使用的检查

（1）电气设备安装前后测量其绝缘电阻值是否合格,是否定期测试电气设备的绝缘。

（2）安装地点能否使电气设备免遭碰撞、被砸和淋水的影响。

（3）电缆的敷设和连接是否遵守《煤矿安全规程》的要求,不得将电缆浸泡在水沟里,要防止砸、碰、压电缆,发现问题及时处理。

3. 对过流保护装置整定值的检查

过流保护分为短路保护、过负荷保护、单项保护和欠电压释放保护。井下各类电气设备应具备的保护可按表 6-1 所列各项进行检查。

表 6-1　　　　　　　　井下电气设备保护检查项目

类别　　　　　　内容	短路保护	过负荷保护	单项保护	欠电压释放保护
井下高压电动机和动力变压器的高压侧	√	√	—	√
由采区变电所移动变电站或配电点引出的馈电线上	√	√	—	—
低压电动机	√	√	√	—

注:表内"√"表示有相应保护;"—"表示无保护。

4. 熔体额定电流选择的检查

根据现场负荷情况,检查选择的熔体额定电流是否正确,然后再按短路电流进行校验。

5. 千伏级电网过载及过流保护装置整定的检查

国产设备中,千伏级电网都装有过载及过流保护装置,应在现场对其过载及过流保护的整定是否正确进行检查。

（四）井下电网漏电保护的安全检查

电网漏电有可能引起矿井瓦斯、煤尘爆炸,或增加人身触电的危险性。长时间漏电可能造成电气火灾,工作面漏电可能引爆电雷管,造成人身伤亡事故。安全检查员对漏电保护装置的安装运行、试验等检查的重点在如下几方面:

（1）检漏继电器一定要与带跳闸线圈的自动馈电开关一起使用,不能在同一电网中使用 2 台或更多的检漏继电器。

（2）检漏继电器的辅助接地线应是橡套电缆,其芯线总面积不小于 10 mm^2。辅助接地极应单独设置,规格要求与局部接地极相同,距局部接地极的直线距离不小于 5 m,不能使用同一个接地极。

（3）检漏继电器应水平安装在适当高度的支架上,并要求动作可靠,便于检查试验。

（4）值班电工每天是否对检漏继电器的运行情况进行一次检查,是否有试验记录,检查试验记录内容是否符合要求;检漏继电器的外观、防爆性能是否完好;欧姆表的指示数值是否正常;发生故障的设备或电缆在未消除故障以前,是否禁止投入运行。

（5）运行中的电气设备绝缘是否受潮或进水。

（6）电缆运行中是否受到机械或外力伤害、挤压、砍砸、过度弯曲而产生裂口。

（7）电缆与设备连接是否牢固,运行中是否有接头松动脱落或与外壳相连或发热烧毁绝缘现象;设备内部导线绝缘是否损坏,造成与外壳相连。

（8）操作电气设备时,是否有弧光放电产生。

（9）电气设备与电缆因过负荷运行时有无损坏或直接烧毁

绝缘。

在检查以上各项保护时,可以通过试验按钮进行试验来检验保护装置是否灵敏可靠。

二、矿井电气设备的安全检查

(一)防爆电气设备的安全检查

1. 矿井电气设备选用与使用环境的检查

煤矿井下不同工作地点的瓦斯浓度差别较大,用于煤矿井下的各种电气设备的防爆形式必须根据使用环境和《煤矿安全规程》进行选择。设备选型不符合要求时,必须制定安全措施。

2. 隔爆型电气设备的检查

(1)隔爆型电气设备是否由经过考试合格的防爆电气设备检查员检查其安全性能,并取得合格证。

(2)外壳是否完整无损,无裂痕和变形。

(3)外壳的紧固件、密封件、接地件是否齐全、完好。

(4)隔爆接合面的间隙和有效宽度是否符合规定,隔爆接合面的粗糙度、螺纹隔爆结构的拧入深度和啮合扣数是否符合规定。

(5)电缆接线盒和电缆引入装置是否完好,零部件是否齐全,有无缺损,电缆连接是否牢固、可靠。与电缆连接时,一个电缆引入装置是否只连接一条电缆;电缆与密封圈之间是否包扎其他物;不用的电缆引入装置是否用钢板堵死。

(6)联锁装置是否功能完整,保证电源接通打不开盖,开盖送不上电;内部电气元件,保护装置是否完好无损、动作可靠。

(7)接线盒内裸露导电芯线之间的电气间隙是否符合规定;导电芯线是否有毛刺,拧紧接线螺母时是否压住绝缘材料;外壳内部是否随意增加了元部件,是否能防止电气间隙小于规定值。

(8)在设备输出端断电后,壳内仍有带电部件时,是否在其上装设防护绝缘盖板,并标明"带电"字样,防止人身触电事故。

（9）接线盒内的接地芯线是否比导电芯线长，即使导线被拉脱，接地芯线仍保持连接；接线盒内是否保持清洁，无杂物和导电线丝。

（10）隔爆型电气设备安装地点有无滴水、淋水，周围围岩是否坚固；设备放置是否与地平面垂直，最大倾斜角度是否符合规定。

（11）是否使用失爆设备及失爆的小型电器。

（二）井下电气设备保护接地的安全检查

1. 保护接地的外壳检查

（1）检查设备外壳的保护接地连接线是否完整、连续，接头是否松动、锈蚀，接地线是否断裂或断面减少。

（2）每台电气设备是否使用独立的导线与接地母线相连接，设备是否串联接地，是否使用专用的接地螺钉。

（3）接地连接导线与接地母线相连接时，是否焊接；如果是螺钉连接，是否用镀锌、镀锡螺钉和螺母接牢；铰接时，铰接是否牢固。

（4）接地装置的材料是否使用铜材或钢材。

2. 保护接地网的检查

（1）主接地极。主接地极应在主、副水仓中各埋一块，并由面积不小于 0.75 m^2、厚度不小于 5 mm 的耐腐蚀钢板制成；接地母线应采用截面积不小于 50 mm^2 的铜线或截面积不小于 100 mm^2 的镀锌铁线或厚度不小于 4 mm、截面积不小于 100 mm^2 的扁铜线。

（2）局部接地极。每个装有电气设备的硐室是否装设局部接地极；每个单独设置的高压电气设备是否装设局部接地极；每个低压配电点是否装设局部接地极；无低压配电点时，采煤工作面的机巷、回风巷和掘进巷道内是否至少分别设置一个局部接地极；连接动力铠装电缆的每个接线盒是否装设局部接地极；局部接地极是否设置于巷道水沟内或其他就近的潮湿处；设置在水沟中的局部接地极，应用面积不小于 0.6 m^2、厚度不小于 3 mm 的钢板或具有同等有效面积的钢管制成，并应平放于水沟深处；设置在其他地点的局部接地极应用直径小于35 mm、长度不小于1.5 m 的钢管制成，管上至少钻 20 个直径不小于 5 mm 的透眼，并全部垂直埋入地下；低压机电硐室的辅助接地母线，电气设备外壳同接地母线（包括辅助接地母线）的连接，电缆接线盒两头的铠装、铅皮的连接应使用截面积不小于25 mm^2 的铜线或截面积不小于 50 mm^2 的扁铜线；电压低于或等于 127 V 的电气设备的接地导线、连接导线应采用断面直径不小于 6 mm 的裸铜线。

(3) 采掘移动设备。采掘工期移动设备的金属外壳，应用橡套中的接地芯线与配电点的控制设备外壳相连；通过电缆接到低压配电点的局部接地极，应组成一个保护接地网，并不受其他因素的干扰。除用做监测接地回路，不得兼作其他用途。

3. 保护接地的测试检查

(1) 接地网上任一保护接地点测得的接地电阻值不得超过 2 Ω。

(2) 移动式和手持式电气设备同接地网的保护接地用的电缆芯线的电阻值不得超过 1 Ω；若超过，应及时更换。

(3) 每年应将主接地极和局部接地极从水仓或水沟中提出，进行详细检查。

(三) 风电闭锁的安全检查

1.《煤矿安全规程》的有关规定

(1) 高瓦斯矿井、煤（岩）与瓦斯（二氧化碳）突出矿井、低瓦斯矿井中高瓦斯区域的煤巷、半煤岩巷和有瓦斯涌出的岩巷掘进工作面正常工作的局部通风机必须配备安装同等能力的备用局部通风机，并能自动切换。正常工作的局部通风机必须采用"三专"（专用开关、专用电缆、专用变压器）供电，专用变压器最多可向 4

套不同掘进工作面的局部通风机供电；备用局部通风机电源必须取自同时带电的另一电源，当正常工作的局部通风机故障时，备用局部通风机能自动启动，保持掘进工作面正常通风。

（2）使用局部通风机供风的地点必须实行风电闭锁，保证当正常工作的局部通风机停止运转或停风后能切断停风区内全部非本质安全型电气设备的电源。正常工作的局部通风机故障，切换到备用局部通风机工作时，该局部通风机通风范围内应停止工作，排除故障；待故障排除，恢复到正常工作的局部通风后方可恢复工作。使用2台局部通风机同时供风的，2台局部通风机都必须同时实现风电闭锁。

2. 井下必须装设风电瓦斯闭锁装置的地点

检查时注意，井下下列地点必须装设风电瓦斯闭锁装置：

（1）高瓦斯矿井所有有瓦斯的掘进工作面。

（2）瓦斯突出矿井的所有掘进工作面。

（3）低瓦斯矿井中的高瓦斯掘进工作面。

（4）其他存在瓦斯积聚并安装有机电设备的场所。

在闭锁电路中，不允许采用延时继电器来延长自动接通掘进电源的时间，必须人工恢复送电。使用瓦斯自动检测报警断电装置（即瓦斯电闭锁）的掘进工作面，也只准人工复电。风电闭锁、瓦斯电闭锁必须正常投入运行，严禁甩掉不用。

（四）机电设备硐室的安全检查

（1）永久性井下主变电所和井底车场内的其他机电设备硐室，是否砌碹或用其他可靠的构筑方式支护。

（2）采区变电所、采掘工作面配电点是否用不燃性材料支护。

（3）硐室是否设向外开的防火铁门；铁门全部敞开时，是否妨碍巷道交通；铁门上是否装设便于关严的通风孔，以便必要时隔绝风流；装有铁门时，是否加设向外开的铁栅栏门，是否妨碍铁门的关闭。

（4）从硐室出口防火铁门起 5 m 内的巷道，是否砌碹或用其他不燃性材料支护。硐室内是否设置足够数量的扑灭电气火灾的灭火器材。

（5）井下主变电所和主要排水泵房的地面，是否比其他与井底车场或大巷连接处的底板高出 0.5 m。

（6）变电硐室长度超过 6 m 时，是否在硐室的两端各设一个出口与巷道连通。

（7）装有带油的电气设备硐室，是否设集油坑。

（8）所有硐室内是否有滴水现象。

（9）硐室内设备与墙壁之间、各设备之间的通道是否符合检修的需要。

（10）硐室入口处是否悬挂"非工作人员禁止入内"的标志牌；硐室内有高压电气设备时，入口处和硐室是否在明显地点悬挂"高压危险"的标志牌；无人值班的硐室是否关门加锁。

（11）硐室的过道是否存放无关的设备和物件，通道是否保持畅通；硐室高度是否满足搬运最大设备的要求。

（12）硐室内有无灭火沙箱、电气火灾灭火器等灭火工具器材。

（13）有无合格的高压绝缘手套、绝缘台和绝缘靴。

（14）设备与电缆标志牌是否齐全、标示清楚，有无停送电标志牌。

（五）预防井下电气火灾的安全检查

煤矿井下电气着火类型有下面几种：低压电缆着火、铠装电缆接线盒爆破着火、矿用变压器着火、架线电机车电弧引燃木支护棚着火。发生电气火灾的原因主要是：电缆连接的电气设备和电缆接线盒有严重缺陷及电缆受挤压短路，保护失灵，设备与电缆的阻燃性差，无火灾的监视，现场的灭火设施起不了灭火作用。

安全检查人员对预防井下电气火灾的检查应注意以下各项：

（1）电缆发生短路故障,高、低压开关由于断流容量不足而不能断弧,引燃电缆。在检查中要检查高、低压开关断流容量,校验高、低压开关设备及电缆的动稳定性及热稳定性,校验整定系统中的继电保护是否灵敏可靠。

（2）为了防止已着火的电缆脱离电源或火源后继续燃烧,必须采用合格的矿用阻燃橡套电缆。

（3）电缆不准盘圈成堆或压埋送电,电缆悬挂要符合《煤矿安全规程》要求。

（4）必须有断电保护,并按《煤矿安全规程》进行整定,保证灵敏可靠。若开关因短路跳闸,不查明原因不许反复强行送电。

（5）高压电缆接线盒是否符合规定,接线盒处是否有可燃物。

（6）矿用变压器接线端子接触不良,或变压器检修时掉入异物会造成高压短路。变压器不定期化验会造成绝缘油失效,使变压器升温,发生过热造成套管炸裂,绝缘油喷出着火。

（7）井下不准用灯泡取暖,照明灯应悬挂,不准将照明灯放置在易燃物上。

（8）架线电机车运行时产生电弧,当架空线距木棚太近或接触木棚时,高温电弧可能引燃木棚着火。另外,当架线断落在高压铠装电缆外皮上时,直流电弧沿电缆燃烧,烧毁电缆的铠装和油浸纸绝缘。为预防上述事故发生,应严格按规定架设架线。架线电机车行驶的巷道,必须采用锚喷、砌碹或混凝土棚支护。

（9）检查变配电硐室是否备有足够的消防灭火器材,机电硐室不得用可燃性材料支护,并应有防火门。

三、设备检修与停送电作业的安全检查

（一）井下电气设备检修、停送电作业的安全检查

（1）是否执行工作票制度和制定安全措施。工作票的签发人、工作负责人、操作人是否有不同的安全责任制。

（2）高压停送电的操作是否采用书面申请或其他可靠的联系

方式,由专职电工执行;是否执行谁停电、谁送电的停送电制度;是否有约时停送电现象发生;断开的隔离开关的操作机构是否锁住,是否在操作把手上悬挂"有人作业,禁止合闸"的标志牌。

(3)检修和搬迁井下电气设备时是否停电;检修是否用经过试验合格的验电器验电,确认无电后再在三相上挂装接地线。

(4)部分停电作业有无遮挡;检修完恢复送电时,是否由原操作人取下标志牌,然后合闸送电。

(5)高压线路倒闸操作时,是否执行操作制度和监护制度;操作人员是否填写操作票;操作票中是否写明被操作设备的线路编号及操作顺序;是否有带负荷拉开隔离开关的现象发生。

(6)操作时,是否有两人执行,一人操作,一人监护;操作中是否执行监护复送制度,操作人员是否使用试验合格的绝缘工具、戴绝缘手套、穿绝缘靴、站在绝缘台上。

(7)井下防爆电气设备的运行、维护和修理工作,是否符合防爆性能的各项技术要求;失爆设备是否继续使用。

(二)机电系统违章行为的安全检查

(1)违反停送电规定,机电设备检修时不停电、不挂牌、不加锁,已停用的电气开关不换保险丝。

(2)使用失爆电气设备,不按规定使用保险丝。

(3)对计划大范围停电检修或高压电气设备停电检修,无停电措施就施工。

(4)风泵上的安全阀、释压阀不按规定时间检验,以致失灵或不动作。

(5)电工高压作业无人监护。

(6)没有接地、过流、漏电保护装置,或虽然有,但未投入使用;电气设备脱体运行。

(7)各种安全保护装置不按时检验;保护整定不合理;记录填写不认真或做假记录。

（8）大型机电设备安装试运转或带式输送机道、绞车道、双层作业无保护措施。

（9）各种机电设备转运部位不按时保养，不设防护罩。

（10）各种高压变压器缺油或多油。

（11）多种在用电气设备、缆绳无标牌或标牌与实际不符合。

（12）手持式电气设备操作手柄或工作中接触的部分不符合绝缘规定要求。

（13）绞车保护装置和主要通风机反风设施动作失灵。

（14）对故障未排除的供电线路强行送电。

（15）局部通风机无安全防护装置。

（16）各种入井管线、接地装置不定期检验。

（17）防爆设备不经检查并签发合格证就擅自入井投入使用。

（18）未经批准擅自增设用电设施。

（19）机电设备运行检查及交接班记录超前或滞后填写。

（20）井下用电炉、灯泡取暖。

（21）局部通风机不实行"三专两闭锁"装置，或虽然有，但失灵。

（22）矿灯灯头、矿灯线破损、接触不良而闪灯。

（23）停电作业时，回风巷道和防突工作面不关闭上一级电源开关。

（24）检修电气设备时，不关开关盖就送电试验。

（25）井下配电变压器中性点直接接地，并直接向井下送电。

（26）带电检修、搬迁电气设备、电缆和电线。

（27）非检修人员或值班电气人员擅自操作电气设备。

（28）操作高压电气设备主回路时，操作人员不戴绝缘手套，不穿电工绝缘靴或站在绝缘台上。

（29）带油的电气设备溢油或漏油时，不立即处理。

（30）在溜放煤、矸和材料的溜道中敷设电缆。

（31）在井下拆开、敲打、撞击矿灯。

（32）在井下擅自打开电气设备进行修理。

（33）井下供电设备有"鸡爪子"、"羊尾巴"、明接头。

（34）用铅、铝、铁丝等代替熔断器中的熔件。

（35）停电作业人员违反《煤矿安全规程》的规定,忘停电、停错电、没验电、没放电等。

（36）煤电钻未安设综合保护装置。

第六节　矿井运输提升的安全检查

一、矿井运输的安全检查

（一）井下电机车运输的安全检查

在矿井平巷电机车运输中,常见的事故有行车中碰伤行人,运行中司机或蹬钩工本人被挤伤,机车电火花引起瓦斯、煤尘事故。为了预防上述事故的发生,在现场要重点检查以下六项内容。

1. 电机车运行区域的检查

（1）低瓦斯矿井进风主运输巷中使用架线电机车的巷道有无防火措施。

（2）高瓦斯进风巷使用架线电机车时,在瓦斯涌出的区域,是否装有瓦斯自动检测报警断电装置。

（3）在瓦斯矿井的主要回风道和采区进、回风道内,在煤（岩）与瓦斯突出矿井和瓦斯喷出区域中,进风的主要运输巷道内或主要回风道内是否使用防爆特殊型电机车,是否在机车内装设瓦斯自动检测报警断电装置。

2. 防爆特殊型电机车电气设备的检查

（1）各电气设备是否安装紧固,有无松动、失爆现象。

（2）连接各电气设备之间的电缆是否完整无损,连接紧固。

（3）防爆特殊型电机车在运行中是否打开电气设备；发现电源装置有异常现象是否断电停车，由其他机车拖回库后进行检查。

（4）熔断器是否符合要求，是否用其他不合格的材料代替。

（5）各电气设备是否超额定值运行。

3. 电机车运行的检查

（1）电机车安全设施。电机车的灯、铃（喇叭）、闸、连接器和撒砂装置是否正常，防爆部分是否失去防爆性能；列车或单独机车是否前有照明、后有红尾灯；对闸是否灵活可靠；列车制动距离在运送物料时是否超过 40 m，在运送人员时是否超过 20 m；运行的电机车是否有司机室（棚）。

（2）电机车运行。在电机车运行时，司机是否集中精神瞭望前方；接近风门、道口、硐室出口、弯道、道岔、坡度大或噪声大等处以及司机视线被挡，或两列车会车时，是否减低速度，发出警告信号；机车在运行中，司机是否将头和身子探出车外；正常运行中，机车是否在列车前端（调车或处理事故时，不受此限）；顶车时，蹬钩工引车，减速行驶，蹬钩工是否站在前边第一个车空里，以防顶车掉道挤伤人员；两机车或两列车在同一轨道同一方向行驶时，是否保持不小于 100 m 的距离；列车停车后，是否压道岔，是否超过警标位置；停车后是否将控制器手把扳回零位；司机离开机车时，是否切断电源取下换向手把，扳紧车闸，关闭车灯。

（3）对杂散电流和不回流轨道连接的检查。架线式电机车使用的钢轨接缝处、各平行轨之间、道岔各部分与岔心之间是否用导线或焊接工艺连接，接电阻是否符合《煤矿安全规程》规定；两平行轨道是否每隔 50 m 连接一根导线，导线电阻是否与 50 mm^2 铜线等效；不回电的轨道是否在电机车轨道连接处加绝缘，第一绝缘点是否设在两种轨道的连接处，第二绝缘点距第一绝缘点是否大于一列车的长度；绝缘点处是否保持干净、干燥；绞车道附近两绝缘点是否能保证被绝缘点分开的钢轨不被钢丝绳或矿车所短路;牵引变电所总回流线是否与附近所有轨道相连;连接点是否紧密。

4. 平巷和倾斜井巷车辆运送人员的检查

(1) 平巷车辆运送人员的检查

车辆运行的沿途巷道断面,巷道两侧敷设的管、线、电缆与车体最突出部分之间的安全距离,是否符合《煤矿安全规程》的规定。

轨道质量是否达到优良。

车辆是否有顶盖;新建和改扩建矿井,是否用空矿车运送人员,是否使用翻斗车、底卸式矿车、物料车和平板车运送人员。

运送人员的列车有无跟车人;跟车人是否经培训且考试合格发证后持证上岗;跟车人在运送人员前,是否检查人车的连接装置、保险链和防坠器;防坠器是否每天至少进行一次静止手动落闸检查,保证防坠器的操作和传动机构灵活动作。

运送人员时,列车行驶速度是否超过 3 m/s。

用架线式电机车牵引运送人员时,架空线质量综合评定是否优良;是否设分段开关;人员上、下车时,是否切断该区段架空线电源。

乘车人员是否携带易爆、易燃或腐蚀性物品上车;携带工具和零件是否露出车外;是否有扒、蹬、跳车现象;是否超负荷载人。

(2) 倾斜井巷车辆运送人员的检查

倾斜井巷环境、斜巷断面、管线敷设是否符合《煤矿安全规程》规定;巷道两侧堆放物品与行车的安全距离是否符合规定。

轨道铺设是否平直、稳固、不悬空,轨型是否符合规定。水沟是否畅通,水能否冲道床,地轮是否齐全有效。

是否有足够的照明和完备的声、光信号。

斜巷各车辆有无信号硐室和躲避硐,是否设挡车器或挡车栏。

过卷开关上端有无过卷距离,过卷距离是否符合规定。

斜井人车是否有可靠的防坠器,当发生断绳、跑车时,防坠器能否自动动作,并能手动操作停车;斜巷是否用矿车运送人员;为了保证人车安全可靠地运行,是否按有关规定对防坠器进行检查和试验。

斜井升降人员最大速度是否超过 5 m/s。

斜井人车是否使用人车专用信号。

斜巷运输时,是否严禁蹬钩;行车时是否严禁行人;绞车道上有无悬挂"行车不许行人"的标志和信号。

倾斜井巷运输矿车的钢丝绳、连接装置是否设专人负责检查。安全系数及有关要求是否符合《煤矿安全规程》的规定。

挂钩工是否严格按操作规程作业,如开车前挂钩工是否检查牵引车数,有无多拉车;连接有无不良现象,防脱是否失效;装载物料超重、超高、超宽时,是否发出开车信号。

保护装置完备的小型电绞车,安装基础是否固定;绞车是否有常用闸和保险闸;深度指示器及安设的防过卷装置制动力矩倍数是否符合《煤矿安全规程》的规定。

斜井兼作人行道时是否设有专用人行道、躲避硐室、行车信号。

钢丝绳严重锈蚀、过度磨损或断丝超限时,是否及时更换。

矿车的插销、环链及连接件是否认真检查,有无漏检或把钩工没挂好防脱插销或防脱失灵的现象;道床有无煤和石块造成行车颠簸的现象。

5. 窄轨铁路的检查

(1)钢轨轨型是否与行驶车辆的吨位相适应。

(2)轨道扣件是否齐全、紧固并与轨型一致;轨枕是否齐全,材质、规格是否符合标准,位置是否正常,轨枕是否用道砟填实,道床有无浮煤、杂物、淤泥及积水。

（3）接头平整度是否达到标准。

（4）轨距是否符合规定的允许偏差。

（5）除曲线段外轨加高外,两股钢轨是否水平。

（6）坡度误差,50 m 内高差是否超过 50 mm。

（7）道岔轨距按标准加宽后偏差是否符合规定。

（8）道岔水平偏差和接头平整度、轨面及内侧错差是否符合规定要求。

（9）道岔轨尖端是否与基本轨密贴,尖轨损伤长度、尖轨面宽、尖轨开程是否符合规定。

（10）转辙器拉杆零件是否齐全,连接牢固,动作灵活可靠。

6. 电机车牵引网路的检查

（1）电机车架空线悬挂高度。架空线的悬挂高度,自轨面算起是否小于下列规定:在行人的巷道内、车场内以及人行道同运输巷道交叉的地方为 2 m,在不行人的巷道内为 1.9 m;在井底车场内,从井底到乘车场为 2.2 m;井下架空线两悬挂点的弛度不大于 30 mm;平硐采用架线电机车运输时,在工业场地内,不同道路交叉的地方为 2.2 m。

（2）架空线的分段开关。为预防人员触电,架空线是否在下列地点设分段开关:有人员上、下车的地点（人车站）;干线和主要支线分岔处;干线长度大于 500 m 时。

（3）架线电机车车库和检修硐室。在人员上下车时或该区段有人作业时,是否切断该区段架空线电源;使用架线式电机车的人车车场是否装设自动停送电开关,保证上、下人车时架线无电。

（4）对架空线漏电的检查。架空线与集中带电部分距金属管线的空气绝缘间隙是否小于 300 mm;个别地段与金属管线交叉满足不了要求时,是否采取加强绝缘的措施;架空线和巷道顶或棚梁之间的距离是否大于 0.2 m;悬吊绝缘子距电机车架空线的距离,每侧是否超过 0.25 m;横吊线上的拉紧绝缘子和带绝缘的吊线器是否保持清洁。绝缘子有无裂纹或损坏;架空线对地的绝缘电阻,在分段的情况下是否符合《煤矿安全规程》的规定。

(5) 对杂散电流和不回流轨道连接的检查。架线式电机车使用的钢轨接缝处、各平行轨之间、道岔各部分与岔心之间是否用导线或焊接工艺连接,接电阻是否符合《煤矿安全规程》的规定;两平行轨道是否每隔 50 m 连接一根导线,导线电阻是否与 50 mm² 铜线等效;不回电的轨道是否在电机车轨道连接处加绝缘,第一绝缘点是否设在两种轨道的连接处,第二绝缘点距第一绝缘点是否大于一列车的长度;绝缘点处是否保持干净、干燥;绞车道附近两绝缘点是否能保证被绝缘点分开的钢轨不被钢丝绳或矿车所短路;牵引变电所总回流线是否与附近所有轨道相连;连接点是否紧密。

(二) 矿井运输巷道断面及安全间隙的安全检查

在矿井运输提升作业中,巷道断面的大小和轨道两侧及轨道上方的安全间隙,直接影响到运输提升的安全工作。如巷道失修变形造成断面窄小,人行道不够宽度或在空间敷设管线、电缆而不符合《煤矿安全规程》规定等原因,就有可能造成运输提升中挤、撞、碰、刮的人身伤亡事故。

矿井运输巷道断面及安全间隙的检查内容主要包括:

(1) 主要运输巷道的净高,自轨面起是否低于 2 m;有架线电机车运输的巷道净高是否符合《煤矿安全规程》的规定。

(2) 采区内的上、下山和平巷的净高是否低于 2 m,煤层内是否低于 1.8 m。

(3) 运输巷道的一侧,自道砟面起 1.6 m 高度内,是否有 0.8 m 以上的人行道;管道是否挂在 1.8 m 以上的巷道上部。

(4) 如果运输巷道不符合规定时,是否每隔不超过 40 m 设置 1 个躲避硐;躲避硐是否宽不小于 1.2 m,深不小于 0.7 m,高不小于 1.8 m。

(5) 人车站人行道宽度是否不小于 1 m。

(6) 双轨运输巷道中,两列对开列车最突出部分之间的距离是否不小于 0.2 m;采区装载点与车场摘挂钩地点的距离是否不小于 0.7 m。

(7) 曲线段巷道的人行道和双轨中心线是否按规定要求加宽。

(8) 通过车辆的风门,当机车和车辆通过时,其风门的高和宽与车体的安全间隙是否符合《煤矿安全规程》的要求。

(三) 井下带式输送机运输的安全检查

1. 井下一般输送带的检查

(1) 带式输送机是否设置输送带下打滑或低速自动停机的保护装置;综合保护器是否投入使用,动作是否灵敏可靠。

(2) 输送带下料仓是否设置满仓停机安全装置,是否进行满仓停机装置试验;动作是否灵敏可靠。

(3) 带式输送机是否使用合格的易熔合金保护塞,安装是否正确,是否用其他物质代替。

(4) 是否使用阻燃输送带。使用非阻燃输送带时是否设有烟雾保护。

(5) 带式输送机巷是否设有消防水管,机头、机尾和巷道每隔 50 m 是否设一消防栓,有无配备水龙带和灭火器。

(6) 为预防外因火源,井下带式输送机附近是否使用电焊。

(7) 带式输送机机头、机尾 10 m 处是否用不燃材料支护。

(8) 带式输送机沿线有无启动报警,连锁是否起作用,不报警能否启动主机。

(9) 检修和清扫输送带是否在停机、停电后进行。

(10) 运煤输送带是否乘人,是否有人踏输送带行走或跨越、穿过输送带。

（11）道口处有无胶带机过桥供行人通过。

（12）带式输送机沿线有无防输送带跑偏保护和输送带纵向撕裂保护，带式输送机和给料机有无闭锁电路。

（13）每台带式输送机是否有专职司机持证上岗，带式输送机开动后是否经常巡视输送带运行情况。

（14）带式输送机巷是否班班清理，保持整洁畅通，有无杂物、浮煤和积水，有无与其他物品相摩擦。

2. 斜井钢丝绳带式输送机运送人员的检查

（1）对巷道断面与空间的检查。

在上、下人员的 20 m 区段内输送带至巷道顶部的垂距、行驶区段内的垂距和下行带乘人时上、下输送带的垂距，是否符合《煤矿安全规程》的规定。

运送人员的输送带宽度、运送速度和输送带槽至输送带边的宽度是否符合《煤矿安全规程》的规定。

（2）乘坐人员及地点的检查。

乘坐人员的间距是否小于 4 m；乘坐人员是否站立或仰卧，是否面向行进方向，是否携带笨重物品和超长物品，是否手摸输送带侧帮。

上、下人员的地点是否设平台和照明，在平台处有无带式输送机的悬挂装置，下人地点是否有明显的下人标志和信号；在人员下机前方 2 m 处，是否设有防止人员坠入煤仓的措施。

上、下班运送人员前，是否卸下输送带上的物料；是否有人、物混运的现象。

二、矿井提升的安全检查

（一）制动装置的安全检查

（1）提升绞车是否装设有司机不离开座位即能操纵的常用闸和保险闸，保险闸是否具有紧急时能自动抱闸的作用；是否在抱闸同时提升装置自动断电。

（2）常用闸和保险闸制动力是否有过大或过小现象。

（3）摩擦轮式提升装置,常用闸或保险闸发生作用时,全部机械的减速度是否超过钢丝绳的滑动极限。

（4）在下放重载时,是否检查减速度的最低极限;在提升重载时,是否检查减速度的最高极限。

（二）保险装置的安全检查

1. 防止过卷装置的检查

检查防止过卷开关的安设位置,要安设在超过正常停车0.5 m处。同时要检查过卷开关上方的过卷高度是否符合《煤矿安全规程》的要求;过卷开关是否设置 2 个,室内室外各 1 个,是否室内开关在过卷时首先动作。

2. 深度指示器的检查

检查深度指示器的位置指示与提升容器在井筒中的位置是否准确无误;深度指示器上是否装设有防止过卷开关,检查其安装位置是否正确,过卷时能否触及过卷开关动作;检查深度指示器上装设的减速信号是否声、光完备;提升容器接近井口停车位置前,安装在深度指示器上的减速信号开关是否闭合,发出减速声、光信号,提醒司机注意;深度指示器上是否装设有限速器;深度指示器传动系统是否起到保护作用。

3. 闸瓦过磨损保护的检查

闸瓦的间隙是否符合规定;当闸瓦磨损超过规定数值时,闸瓦过磨保护开关动作后能否报警或自动断电;是否需要重新调整闸瓦间隙。

4. 其他保险装置的检查

当提升速度超过最大速度 15% 时,防止过速装置能否自动断电;对缠绕式提升装置,是否设松绳保护并有安全回路;用箕斗提升时,是否采用定量控制;井口煤仓是否装设满仓保护,仓满时能否报警或自动断电;满仓报警是否有信号灯和信号铃,是否显示明显,是否采用满仓断电闭锁装置。

（三）立井提升的安全检查

1. 升降人员容器的检查

是否使用普通罐笼升降人员,如必须使用普通罐笼升降人员时,是否有安全措施。

使用罐笼(包括有乘人间的箕斗)升降人员时,是否符合下列要求:罐顶应设置可以打开的铁盖或铁门;罐底必须满铺钢板;两侧用钢板挡严,内装扶手;进出口必须装设罐门或罐帘,高度不得小于 1.2 m;罐门或罐帘下部距罐底距离不得超过 250 mm;罐帘横杆间距不得大于 200 mm;罐门不得向外开;罐笼高度最上层不得小于 1.9 m,其他层净高不得小于 1.8 m;罐笼一次能容纳的人数应明确规定,并应在井口公布;超过规定人数时,井口把钩工有权制止;单绳提升的罐笼(包括带乘人间的箕斗)必须装设可靠的防坠器。

凿井期间,立井中升降人员采用吊桶时,是否遵守下列规定:吊桶必须沿钢丝绳罐道升降;在凿井初期尚未装设罐道时,吊桶升降距离不得超过 40 m;吊桶上方必须装保护伞;吊桶边缘上部不得坐人;装有物料的吊桶不得乘人;用自动翻转式吊桶升降人员时,必须有防止吊桶翻转的安全装置;严禁用底开式吊桶升降人员;吊桶提升到地面时,人员必须从地面出入平台进出吊桶,并只准在吊桶停稳和井盖门关闭以后进出吊桶;双吊桶提升时,井盖门不得同时打开。

2. 防止井筒坠物的检查

罐笼提升的立井井口及各水平的井底车场内和靠近井筒处,是否设置防止人员、矿车及其他物件坠落到井下的安全门;井口安全门是否在提升信号系统内设置闭锁装置;安全门未关闭时,是否能发出开车信号。

在井口及罐笼内部是否设置阻车器;井口阻车器是否与罐笼停止位置相连锁;罐笼未达停止位置,能否打开阻车器;井口、井底和中间运输巷是否都设置摇台;是否在提升信号系统内设置闭锁装置;摇台未抬起时,是否能发出开车信号。

升降人员时,是否使用罐座。

3. 罐笼运行中防止摇摆的检查

罐道的任何一侧磨损量是否符合《煤矿安全规程》的规定。钢轨罐道轨头任一侧磨损量是否超过 8 mm,或轨腰磨损超过原有厚度的 25%;罐耳的任一侧磨损量是否超过 8 mm,在同一侧罐耳和罐道的总磨损量是否超过 10 mm,或罐耳和罐道的总间隙是否超过 20 mm;组合钢罐道任一侧的磨损是否超过原有厚度的50%。钢丝绳罐道和滑套的总间隙是否符合《煤矿安全规程》的规定。

4. 罐顶作业防止坠人的检查

在罐笼或箕斗顶上,是否装设保险伞和栏杆,活动平台拆除后,是否捆绑固定;罐顶乘人是否佩戴保险带;罐顶乘人检修作业时,是否有可靠的安全措施;罐顶是否有直通绞车房的信号和电话;提升速度是否符合《煤矿安全规程》的规定。

5. 提升信号的检查

提升装置是否装有从井底到井口、从井口到绞车司机室的信号装置;井口信号装置是否同绞车的控制回路闭锁;是否在井口把钩工发出信号后,绞车才能启动;除常用的信号装置外,是否有备用信号装置。

井底车场和井口之间、井口和绞车司机台之间,除具有上述信号装置外,是否还装设直通电话和传话筒;一套提升装置供几个水平使用时,各水平是否设有信号装置和闭锁,发出的信号是否有区别;信号电源变压器和电源指示灯是否独立设置;提升信号装置与提升绞车的控制回路是否闭锁,不发开车信号绞车是否能启动;多水平提升时,是否设置水平指示信号,各水平信号之间有无闭锁,是否允许一个水平向井口发出开、停车信号;井上、下安全门和非通过式摇台与提升信号有无闭锁;多层罐笼升降人员时,各层出入平台间的信号是否与井口信号闭锁;检修井筒时是否设置检修信号;绞车司机与井口、井底把钩工之间有无可直接联系的电话。

6. 管理及各项规章制度的检查

提升容器、连接装置、防坠器、罐耳、罐道、阻车器、罐座、摇台、装卸设备、天轮和钢丝绳以及提升绞车各部分,包括滚筒、制动装置、防过卷装置、限速器、调绳装置、传动装置、电动机和控制设备等,是否每天检查一次,发现问题,是否立即处理;检查和处理结果,是否留有日志;是否定期检查制度执行情况,检查记录是否完备、无漏洞;井口和井底车场把钩人员是否持证上岗,是否执行岗位责任制。

三、矿井人力推车及运输提升违章行为的安全检查

1. 矿井人力推车的安全检查

(1) 1 人只准推 1 辆车。

(2) 同向推车的间距:在轨道坡度小于或等于 5‰时,不得小于 10 m;坡度大于 5‰时,不得小于 30 m。坡度大于 7‰时,禁止人力推车。

(3) 夜间或井下,推车人应有矿灯,当遇有照明不足区段时,应将矿灯挂在矿车行进方向的前端。

(4) 推车时应时刻注意前方;在开始推车、停车、掉道、发现前方有人或障碍物,以及在坡度较大的地方向下推车,接近道岔、弯道、巷道口、风门、硐室出口时,必须及时发出警报。

(5) 严禁放飞车。

2. 矿井运输提升违章行为的安全检查

(1) 机车司机开车前是否发出开车信号,是否在机车运行中将头或身体探出车外;司机离开座位时,是否切断电动机电源,将控制手柄取下,扳紧车闸。

(2)两机车或两列车在同一轨道同一方向行驶时,保持的距离是否大于 100 m。

(3)机车行近巷道口、硐室口、弯道、道岔、坡度较大或噪声大等地段,以及前面有车辆或视线有障碍时,是否减速并发出警报。

(4)是否存在用固定车厢式矿车、翻转车厢式矿车、底卸式矿车、材料车和平板车等运送人员的违章行为。

(5)用人车运送人员时,是否存在同时运送有爆炸性、易燃性或腐蚀性的物品,附挂物料车,列车车速太快,超过 4 m/s 的违章行为。

(6)乘人车时,是否关上车门或挂上防护链;是否存在人体及所携带的工具和零件露出车外,或在列车行驶中和尚未停稳的情况下,乘坐人员在车内站立或上、下车,或在机车上或车厢之间搭乘车,以及超员、扒车、跳车、坐矿车等违章行为。

(7)严禁人力推车时放飞车;在矿车两侧推车;推车的间距应符合《煤矿安全规程》的规定。

(8)是否在能自行滑动的坡道上停放车辆。

(9)斜井提升时,是否有人蹬钩、行走。

(10)带式输送机运送人员时,乘坐人员间距是否达到 4 m;乘坐人员是否有站、仰卧和抚摸输送带侧帮的违章行为,是否存在不卸除输送带上的物料,造成人、料混运的违章行为。

(11)立井中升降人员是否使用罐笼或带乘人间的箕斗,是否存在吊桶边缘上坐人,吊桶内人与料混运,用开底式吊桶运送人员,人员不从井口平台进出吊桶的违章行为。

(12)检修人员在罐笼或箕斗顶上工作时,是否佩戴保险带。

(13)是否存在同一层罐笼内人、料混合提升,开车信号发出后仍进出罐笼。

（14）在斜巷内违反"行车不行人、行人不行车"的规定。

（15）运送超高、超宽、超重设备或易燃、易爆物品违反有关规定。

（16）在绞车信号系统乱打点。

（17）蹬钩人员作业时，是否存在不使用挂链器、拨链器或行车不停就拨链的违章行为。

（18）拉运材料是否捆绑且捆绑合格，是否按规定车型装车。

（19）顶车时，是否按规定提前给信号、先扳道岔。

（20）连接装置损坏的矿车不甩出。

（21）是否存在斜巷铁道上滑行，坐在铁道上休息时距机车的距离不符合规定。

（22）顶车不挂链、平斜巷挂套链、放飞车、停车不打掩。

（23）机车是否存在超载不按规定数量牵引车辆的违章行为。

（24）机车是否存在不按警冲标停车的违章行为。

（25）绞车过卷、拉反向；机车闯信号。

（26）机车灯、闸、铃、撒沙装置是否符合《煤矿安全规程》的规定。

（27）特殊工种是否持证上岗及无证开车、蹬钩。

（28）在有架线的巷道里行走时，是否将钎杆、铁锹等工具扛在肩上。

（29）人车进出站打点工是否瞭望，蹬钩工在人员未上、下完时，是否随意吹哨联系开车。

（30）是否在人车站或车上打闹，出入井时是否走规定的出、入口。

（31）在铁道干线施工是否设警戒。

（32）架线机车是否设前照明、后红灯。

（33）斜巷运输是否按规定安设、使用声光信号及"一坡三挡"安全保护装置，是否存在装置不全、不灵敏可靠的情况。

（34）是否有擅自闯进挂着"禁止通行"或有危险警告牌板的地方的情况。

（35）是否有在无风的井巷中乱跑或睡觉的违章行为。

（36）是否在出入、升降井乘车、乘罐时，不待停稳就挤上、挤下。

思考题：

1. 采煤系统重点检查哪些方面？

2. 掘进系统重点检查哪些方面？

3. 矿井"一通三防"重点检查哪些方面？

4. 煤矿防治水重点检查哪些方面？

5. 矿井机电系统重点检查哪些方面？

6. 矿井运输提升系统重点检查哪些方面？

第七章　矿工的自救与互救

煤矿生产以井下作业为主,自然条件复杂,时刻受到瓦斯、煤尘、水、火、冒顶等灾害的威胁,一旦发生灾害必然会造成人员的伤亡。为了最大限度地减少和控制事故的发生,减轻事故危害的扩大,以及一旦发生灾变事故,能及时实施救灾和自救、互救工作,从事井下工作的人员必须学习和掌握井下急救知识及基本的操作技术。

一、发生事故时现场人员的行动原则

1. 及时报告灾情

发生灾变事故后,事故地点附近的人员应尽量了解或判断事故性质、地点和灾害程度,并迅速利用最近处的电话或其他方式向矿调度室汇报,并迅速向事故可能波及的区域发出警报,使其他工作人员尽快知道灾情。在汇报灾情时,要将看到的异常现象(火烟、飞尘等)、听到的异常声响、感觉到的异常冲击如实汇报,不能凭主观想象判定事故性质,以免给领导造成错觉,影响救灾。

2. 积极抢救

根据现场灾情和条件,现场人员应及时利用现场的设备、材料,在保证自身安全的条件下,全力抢险。抢险时,要保持统一指挥,严禁各行其是或单一行动;严禁冒险蛮干,并要注意灾区条件变化,特别是气体和顶板的情况。

3. 安全撤离

当灾害发展迅速,无法进行现场抢救,或灾区条件急剧恶化,可能危及现场人员安全,以及接到命令要求撤离时,现场人员应有组织地撤离灾区。撤离灾区时应遵守下列行动准则：

（1）沉着冷静。要保持头脑清醒，临危不乱；树立坚定的信心安全撤出灾区，并在各个环节上做好充分准备，谨慎妥善行动。

（2）认真组织。在老工人和党员干部带领下，统一行动，听从指挥。

（3）团结互助，照顾好伤员和年老体弱者。

（4）选择正确的避灾路线。尽量选择安全条件好、距离短的路线，切忌图省事或怀着侥幸心理冒险行动，也不能犹豫不决而贻误时机。

（5）加强安全防护。撤退前，所有人员要使用好必备的防护用品和器具（如自救器、毛巾）。行动中不得狂奔乱跑，遇积水区、垮落区、溜煤眼等危险地区，应先探明情况，谨慎行进。

（6）撤退中，时刻注意风向及风量的变化，注意是否出现火烟或爆炸征兆。

4．妥善避灾

撤退中若遇通道堵塞或自救器有效时间已到，无法继续撤离时，应到永久避难硐室待救，或自己建造临时避难硐室待救。

二、自救器、避难硐室和矿井安全出口

《煤矿安全规程》规定：入井人员必须戴安全帽、随身携带自救器和矿灯，严禁携带烟草和点火物品，严禁穿化纤衣服，入井前严禁喝酒。

（一）自救器

自救器是一种轻便、体积小、便于携带、戴用迅速、作用时间短的个人呼吸保护装置。当井下发生火灾、爆炸、煤与瓦斯突出等事故时，井下人员佩戴自救器，可有效防止中毒或窒息。自救器分为过滤式和隔离式两类。隔离式自救器又分为化学氧自救器和压缩氧自救器，过滤式自救器已强制淘汰。

1．化学氧自救器

化学氧自救器是利用化学生氧物质产生氧气，供矿工从灾区撤退脱险用的保护器。它可以在缺氧或含有有毒气体的环境中使用。化学氧自救器只能使用一次，不能重复使用。化学氧自救器的使用方法如图 7-1 所示。

1.自救器系
在腰带上

2.使用时去
掉保护套

3.扳启扳手、
拉断封条、
拉开封口带

4.揭开上壳
扔掉

5.取出自救
器，扔掉下
外壳

6.启动扳手，
顺时针转
150°

7.拔掉口具塞

8.咬住口具，
吹鼓气囊

9.夹好鼻夹，
用口呼吸，
戴好头带

10.戴好安全
帽，撤离灾
区

图 7-1　ZH-30 型化学氧自救器佩戴操作方法

2．压缩氧自救器

压缩氧自救器是利用压缩氧气供氧的隔离式呼吸保护器，是一种可反复多次使用的自救器，每次使用后只需更换新的吸收二氧化碳的氢氧化钙吸收剂和重新充满氧气即可重新使用。它用于有毒气体或缺氧的环境条件下。

（1）压缩氧自救器的使用方法

① 使用时先打开外壳封口带扳把，打开上盖，然后左手抓住氧气瓶，右手用力向上提上盖，此时氧气瓶开关即自动打开，随后

将主机从下壳中拖出。

② 摘下帽子,挎上挎带。

③ 拔开口具塞,将口具放入嘴内,牙齿咬住牙垫。

④ 将鼻夹夹在鼻子上,开始呼吸。

⑤ 在呼吸的同时,按动补给按钮,大约 $1\sim2$ s,气囊充满后,立即停止。在使用过程中如发现气囊空瘪、供气不足时,可按上述方法操作。

⑥ 挂上腰钩,即可使用。

(2) 压缩氧自救器的使用注意事项

① 高压氧气瓶中装有压力为 20 MPa 的氧气,携带过程中要防止撞击磕碰,严禁将其当坐垫使用。

② 携带过程中严禁开启扳把。

③ 佩戴撤离时,严禁摘掉口具、鼻夹或通过口具讲话。

(二) 避难硐室

避难硐室是指供矿工遇到事故无法撤退而躲避待救的设施。它分为永久避难硐室和临时避难硐室两种。

永久避难硐室应事先设在井底车场附近或采区工作地点安全出口的路线上。对其要求如下:设有与矿调度室直通的电话,构筑坚固,净高不低于 2 m,严密不透气或采用正压排风,并备有供避难者呼吸的供气设备(如充满氧气的氧气瓶或压气管和减压装置)、隔离式自救器、药品和饮水等;设在采区安全出口路线上的避难硐室,距人员集中工作地点不超过 500 m,其大小应能容纳采区全体人员。

临时避难硐室是指利用独头巷道、硐室或两道风门之间的巷道,由避灾人员临时修建的设施。所以,应在这些地点事先准备好所需的木板、木桩、黏土、砂子或砖等材料,还应装有带阀门的压气管。避灾时,若无构筑材料,避灾人员可用衣服和身边现有的材料临时构筑避难硐室,以减少有害气体的侵入。

（三）矿井安全出口

《煤矿安全规程》有如下规定：

每个生产矿井必须至少有 2 个能行人的通达地面的安全出口,各个出口间的距离不得小于 30 m。

采用中央式通风系统的新建和改扩建矿井,设计中应规定井田边界附近的安全出口。当井田一翼走向较长、矿井发生灾害不能保证人员安全撤出时,必须掘出井田边界附近的安全出口。

井下每一个水平到上一个水平和各个采区都必须至少有 2 个便于行人的安全出口,并与通达地面的安全出口相连接。未建成 2 个安全出口的水平或采区严禁生产。

井巷交叉点,必须设置路标,标明所在地点,指明通往安全出口的方向。井下工作人员必须熟悉通往安全出口的路线。

三、煤矿井下现场急救

（一）创伤急救的意义、主要内容和原则

1. 现场急救的概念

现场急救,是在事故创伤发生的现场实施的,以紧急挽救伤员生命或防止伤情恶化或发展（二次损伤）为目的的院前抢救措施的总称。

2. 现场急救的意义

煤矿创伤大体分为机械性、非机械性和爆炸性三大类,以机械性外伤为最多。致伤方式有冒顶,片帮,机械撞击或切、割、绞,爆破,爆炸,触电,溺水,中毒以及窒息等,以冒顶和爆炸最为严重。

在煤矿生产过程中,当发生人身损伤事故时,应首先抢救伤员。对于机械创伤、触电、气体中毒、溺水等的伤员,及时地采取现场急救措施,对挽救伤员的生命或避免伤情加重具有十分重要的意义,为进一步送医院治疗赢得了宝贵的时间。例如,冒顶埋人,现场及时救人,清除口、鼻中异物并进行人工呼吸,伤员即可立即得救;给血管破裂出血伤员及时止血,可防止休克,使生命得到挽救;脊柱损伤的伤员若能得到正确的搬运,可防止继发损伤,避免致残截瘫;对心跳、呼吸停止的伤员立即进行心脏复苏,对挽救生命是非常重要的。

据统计,严重创伤引起休克的伤员中,有 2/3 在 25 min 内死亡。而这 2/3 的伤员若能在 25 min 内得到有效急救处理,可以挽救 50% 的人的生命。实际上,对于已引起心跳骤停的伤员来说,可以挽救生命的时间只有 4~6 min。

大量事实表明:2 min 以内进行抢救的成功率可达 70%,4 min 以内进行抢救的成功率可达 40%,6 min 以内进行抢救的成功率为 10%,10 min 以后进行抢救的成功率更小。延误抢救时机,即使经过抢救伤员有了心跳与呼吸,却没有意识,成为"植物人",或更多的伤员因为失去抢救机会而死亡。若完全依赖医务人员抢救,可能会耽误许多宝贵的时间,或使伤员失去生存的希望。因此,只有让每个人都懂得现场急救的知识,在现场直接实施抢救措施,才能最大限度地争取时间挽救伤员的生命。由此可见,事故创伤的现场急救具有十分重要的意义。

3. 创伤现场急救的主要内容

创伤现场急救主要有通畅呼吸道、人工呼吸、心脏复苏、止血、包扎、骨折临时固定和伤员搬运和抗休克等内容。

4. 创伤现场急救的原则

矿井中发生火灾、爆炸、水灾、冒顶等事故后,伤员中会出现中毒、窒息、烧伤、大出血、骨折等现象。救护队到来之前,在场人员应对这些伤员进行及时、合适的急救,并必须遵守"三先三后"的原则:

(1) 对窒息的伤员,先复苏后搬运;对呼吸道完全堵塞或心跳呼吸刚停止不久的伤员先复苏后搬运。

(2) 对出血的伤员,先止血后搬运。

（3）对骨折的伤员，先固定后搬运。

（二）伤情的判断与分类

在井下事故中，一旦出现大批伤员，一般是先救重伤员后救轻伤员，下面简单介绍一下如何判断伤员的伤情。

首先检查心跳、呼吸和瞳孔三大体征，并观察伤员的神志情况。正常人心跳每分钟 60～100 次，严重创伤、大出血时，心跳多增快。正常人呼吸每分钟 16～18 次，垂危伤员呼吸多变快、变浅或不规则。正常人两侧瞳孔等大等圆，遇到光线能迅速收缩变小，医学上称之为对光反应存在。严重颅脑伤的伤员，两侧瞳孔可不等大，对光反应迟钝或消失。正常人神志清楚，对外来刺激有反应，伤势严重的伤员神志模糊或昏迷，对外来刺激没有反应。通过以上简单的检查就可以对伤情的轻重作出初步判断。

根据伤情的轻重大致可将伤员分为三类：

（1）危重伤员。外伤性窒息、心脏骤停、深度昏迷、严重休克、大出血等类伤员须立即抢救，并在严密观察或抢救下，迅速送到医院。

（2）重伤员。骨折及脱位、严重挤压伤、大面积软组织挫伤、内脏损伤等，这类伤员多需手术治疗。对需要进行手术的应迅速送往医院，对暂缓手术的应注意预防休克。

（3）轻伤员。软组织擦伤、裂伤可在医疗站进行处理，不必送医院。一般性挫伤等可在井口保健。

如伤员有多处外伤或复合伤时，首先应使伤员的呼吸道通畅、止住大出血和防止休克，其次处理骨折，最后处理一般伤口。

（三）心脏复苏

1. 心脏复苏的操作步骤

（1）判断有无意识。轻轻摇动被抢救者的肩部，高声喊叫其姓名，或问："喂！你怎么啦？"若无反应，立即用手指掐人中或合谷穴约 5 s。

（2）呼救。一旦确定被抢救者昏迷，立即呼喊周围人前来协助抢救。煤矿井下不同于地面，若呼救无人，应抓紧抢救，不能因喊人延误抢救时机。

（3）摆正体位。被抢救者的正确体位是仰卧位，头、颈、躯干应平直无扭曲。如果被抢救者面部朝下，呈俯卧或侧卧位，应小心转动，使全身各部分呈整体慢慢转动。特别要注意保护颈部，可一手托住颈部，一手扶着肩部，平稳地将其转动为仰卧位。接着解开其上衣、皮带。

（4）疏通呼吸道。应首先清除呼吸道异物，然后用仰头抬颌（或抬颈）法，使下颌和咽喉间被拉紧，舌根被连带上提，打开呼吸道。

（5）判断呼吸是否存在。在呼吸道畅通后，用耳贴近被抢救者的口鼻，头部侧向被抢救者的胸部，眼观其胸部有无起伏，面部感觉有无气体排出，耳听呼吸道有无气流通过的声音。若无呼吸，立即进行人工呼吸。

（6）判断有无脉搏。颈动脉靠近心脏，易反映心脏情况，同时颈部暴露，便于迅速触摸。方法是用食指及中指尖先触及被救者的喉结，然后向旁边滑移 2～3 cm。在气管旁软组织处轻轻触摸颈动脉是否搏动，切忌用力过大，以免颈动脉受压，妨碍头部供血。若摸不到脉搏，可断定被救者心跳已停止，应立即施行胸外心脏按压术。

2. 心脏复苏的分类

心脏停止跳动有两种情况：一种是先发生呼吸衰竭，抢救无效导致心跳停止；另一种是一开始就出现心跳停止，如中毒、触电等情况下。心脏复苏操作主要有心前区叩击术和胸外心脏按压术两种方法。

（1）心前区叩击术。在心脏停搏后 1～2 min 内，心脏的应激性是增强的，叩击心前区，往往可使心脏复跳。叩击位置：从左侧乳头到胸正中之间的部位都可以。操作方法:用手握拳,举到距离胸壁上方 33 cm 左右的高处,连续叩击 3～5 次,如图 7-2 所示。并观察脉搏、心音,若恢复则表示复苏成功;反之,应立即放弃,改行胸外心脏按压术。

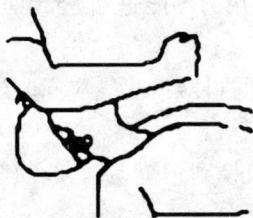

图 7-2　心前区叩击

(2) 胸外心脏按压术。胸外心脏按压术适用于各种原因造成的心搏骤停者。在胸外心脏按压前,应先进行心前区叩击术,如果叩击无效,应及时正确地进行胸外心脏按压术。其操作方法:首先将伤员仰卧在木板上或地上,解开其上衣和腰带,脱掉鞋。救护者位于伤员一侧,手掌面与前臂垂直,一手掌面压在另一手掌面上,使双手重叠,掌根置于伤员胸骨中下 1/3 交界处(其下方为心脏),如图 7-3 所示,以双肘和臂肩之力有节奏地、冲击式地向脊柱方向用力按压,使胸骨压下 4～5 cm(有胸骨下陷的感觉即可);按压后,迅速抬手使胸骨复位,以利于心脏的舒张。按压次数为每分钟 100 次。

图 7-3　胸外心脏按压

使用胸外心脏按压术时的注意事项：

① 按压的力量应因人而异。对身强力壮的伤员，按压力量可大些；对年老体弱的伤员，按压力量宜小些。按压的力量要稳健有力，均匀规则，重力应放在手掌根部，着力仅在胸骨处，切勿在心尖部按压，同时注意用力不能过猛，否则可致肋骨骨折、心包积血或引起气胸等。

② 胸外心脏按压与口对口吹气应同时施行，一般胸外心脏按压 30 次，做口对口吹气 2 次。

③ 按压显效时，可摸到颈总动脉、股动脉搏动，散大的瞳孔开始缩小，口唇、皮肤转为红润。

3. 人工呼吸

人工呼吸适用于触电休克、溺水、有害气体中毒、窒息或外伤窒息等引起的呼吸停止、假死状态者。如果停止呼吸不久，大都能通过人工呼吸抢救过来。

在施行人工呼吸前，先要将伤员运送到安全、通风良好的地点，将伤员领口解开，松开腰带，注意保持体温。腰背部要垫上软的衣服等。应先清除伤员口中脏物，把舌头拉出或压住，防止堵住喉咙，妨碍呼吸。各种有效的人工呼吸都必须在呼吸道畅通的前提下进行。常用的方法有口对口吹气法、仰卧压胸法和俯卧压背法 3 种。

（1）口对口吹气法

口对口吹气法是效果最好、操作最简单的一种人工呼吸方法。

操作前使伤员仰卧，救护者在其头的一侧，一手托起伤员下颌，并尽量使其头部后仰，另一手将其鼻孔捏住，以免吹气时从鼻孔漏气；救护人员深吸一口气，紧贴伤员的嘴将气吹入，使伤员吸气（图 7-4）。然后，松开捏鼻的手，用一手压其胸部，以帮助伤员呼气。如此有节律地、均匀地反复进行，每分钟应吹气 14～16 次。注意吹气时切勿过猛、过短，也不宜过长，以占一次呼吸周期的 1/3 为宜。

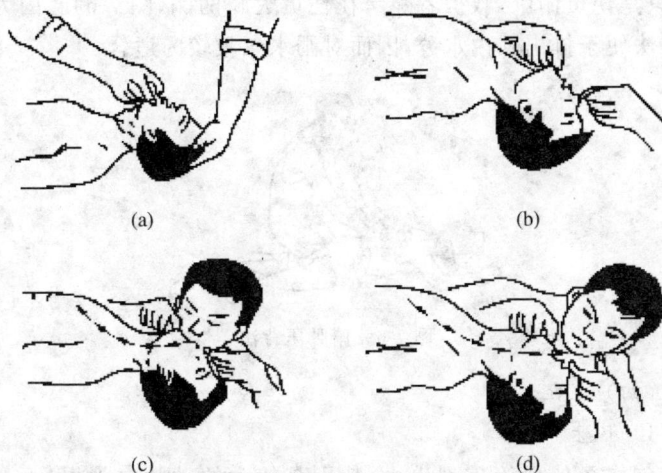

(a)   (b)

(c)   (d)

图 7-4 口对口吹气法

（2）仰卧压胸法

让伤员仰卧，救护者跪跨在伤员大腿两侧，两手拇指向内，其余四指向外伸开，平放在其胸部两侧乳头之下，借半身重力压伤员胸部，挤出伤员肺内空气；然后，救护者身体后仰，除去压力，伤员胸部依其弹性自然扩张，使空气吸入肺内。如此有节律地进行，要求每分钟压胸 16～20 次（图 7-5）。此法不适用于胸部外伤或二氧化硫、二氧化氮中毒者，也不能与胸外心脏按压法同时进行。

图 7-5 仰卧压胸法

（3）俯卧压背法。俯卧压背法与仰卧压胸法操作法大致相同，只是伤员俯卧，救护者跪跨在伤员大腿两侧(图7-6)。因为这种方法便于排出肺内水分，因而对溺水急救较为适合。

图7-6　俯卧压背法

（四）止血

1. 概述

创伤会使血管破裂出血，特别是较大的动脉血管损伤，会引起大出血。当伤员失血量达全身血液总量的20％以上时，生命活动就有困难，出现面色苍白、出冷汗、口渴、四肢发凉、脉搏快、血压下降、烦躁不安等；当伤员失血量达全身血液总量的30％以上时，就有死亡的危险，急性出血一次达到800～1000 mL，就会有生命危险。除上述症状外，可出现表情淡漠、意识模糊、紫绀、呼吸困难等，一般情况会迅速恶化，如果抢救不及时或处理不当，就会使伤员出血过多而死亡。因此，救护人员要迅速、正确、有效地止血。

2. 出血的种类与判断

通常，把各种出血归纳为三类：

（1）动脉出血。血色鲜红，血流急，可随心脏的跳动从伤口向外喷射。

（2）静脉出血。血色暗红，徐缓地从伤口流出。

（3）毛细血管出血。血色鲜红，呈水珠样从创面渗出，看不到明显出血点，可自行凝结。

在估计伤员失血过多的时候,应先判断是外出血还是内出血,是大血管破裂还是中、小血管破裂,以便采取相应的止血措施。

外出血一见可知,不易忽视,然而在紧急情况下,背部伤口出血被衣服遮盖,外边看不到血迹常被忽视,应引起急救者的注意,尤其是内出血更要引起注意。当伤员出现面色苍白、出冷汗、口渴、脉快而弱、血压低、四肢发凉、呼吸浅快、意识障碍等情况,而身体表面无血迹时,要考虑到伤员有内出血的可能性。

3. 止血法

止血方法很多,常用暂时性的止血方法有指压止血法、加垫屈肢止血法、止血带止血法和加压包扎止血法 4 种。

(1) 指压止血法

指压止血即在伤口附近靠近心脏一端的动脉处,用拇指压住出血的血管,以阻断血流。此法适用于头面部及四肢大出血的暂时性止血措施;在指压止血的同时,应立即寻找材料,准备换用其他止血方法。

(2) 加垫屈肢止血法

当前臂和小腿动脉出血不能制止时,如果没有骨折和关节脱位,这时可采用加垫屈肢止血法止血。

在肘窝处或膝窝处放入叠好的毛巾或布卷,然后屈肘关节或屈膝关节,再用绷带或宽布条等将前臂与上臂或小腿与大腿固定,如图 7-7 所示。

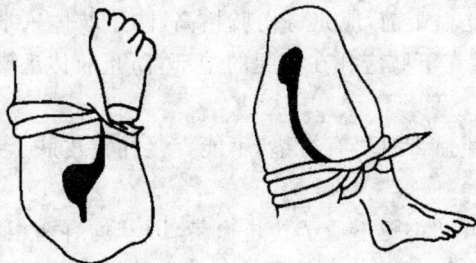

图 7-7　加垫屈肢止血法

（3）止血带止血法

当上肢或下肢大出血时，在井下可就地取材，使用橡皮管或止血带等，压迫出血伤口的近心端进行止血，如图 7-8 所示。

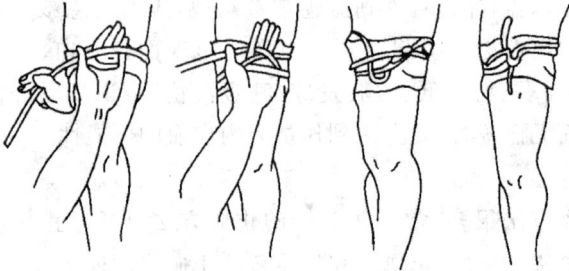

图 7-8　止血带止血法

止血带的使用方法如下：

① 在伤口近心端上方先加垫。

② 急救者左手拿止血带，上端留 17 cm，紧贴加垫处。

③ 右手拿止血带长端，拉紧环绕伤肢伤口近心端上方两周，然后将止血带交左手中、食指夹紧。

④ 左手中、食指夹止血带，顺着肢体下拉成环。

⑤ 将上端一头插入环中拉紧固定。

⑥ 在上肢应扎在上臂的上 1/3 处，在下肢应扎在大腿的中下 1/3 处。

使用止血带时，应注意以下事项：

① 扎止血带前，应先将伤肢抬高，防止肢体远端因淤血而增加失血量。在下肢应扎在大腿的中部，防止肢体远端因淤血而增加失血量。

② 扎止血带时要有衬垫，不能直接扎在皮肤上，以免损伤皮下神经。

③ 前臂和小腿不适于扎止血带，因其均有两根平行的骨干，骨间可通血流，所以止血效果差。但在肢体离断后的残端可使用

止血带,要尽量扎在靠近残端处。

④ 禁止扎在上臂的中段,以免压伤桡神经,引起腕下垂。

⑤ 止血带的压力要适中,既不能阻断血流又不能损伤周围组织。

⑥ 止血带止血持续时间一般不超过 1 h,太长可导致肢体坏死,太短会使出血、休克进一步恶化。因此,使用止血带的伤员必须配有明显标志,并准确记录开始扎止血带的时间,每 0.5~1 h 缓慢放松一次止血带,放松时间为 1~3 min,此时可抬高伤肢压迫局部止血;再扎止血带时应在稍高的平面上绑扎,不可在同一部位反复绑扎。使用止血带以不超过 2 h 为宜,应尽快将伤员送到医院救治。

(4) 加压包扎止血法

加压包扎止血法主要适用于静脉出血的止血。方法是将干净的纱布、毛巾或布料等盖在伤口处,然后用绷带或布条适当加压包扎,即可止血。压力的松紧度以能达到止血而不影响伤肢血循环为宜。

(五) 创伤包扎

包扎的目的:保护伤口和创面,减少感染,减轻痛苦,加压包扎还有止血的作用;用夹板固定骨折的肢体时需要包扎,以减少继发损伤,也便于将伤员送至医院。

现场进行创伤包扎可就地取材,如毛巾、手帕、衣服撕成的布条等。包扎的方法有布条包扎法和毛巾包扎法。

1. 布条包扎法

(1) 环形包扎法。该法适用于头部、颈部、腕部及胸部环形重叠缠绕肢体数圈后即成。

(2) 螺旋包扎法。该法适用于前臂、下肢和手指等部位的包扎。先用环形法固定起始端,把布条渐渐地斜旋上缠或下缠,每圈压前圈的 1/2 或 1/3,呈螺旋形,尾部在原位上缠 2 圈后予以固定。

（3）螺旋反折包扎法。该法适用于粗细不等的四肢包扎。开始先进行螺旋形包扎，待到渐粗的地方，以一手拇指按住布条上面，另一手将布条自该点反折向下，并遮盖前圈的 1/2 或 1/3。各圈反折必须排列整齐，反折头不宜在伤口和骨头突出部分。

（4）"8"字包扎法。该法适用于关节处的包扎。先在关节中部环形包扎两圈，然后以关节为中心，从中心向两边缠，一圈向上，一圈向下，两圈在关节屈侧交叉，并压住前圈的 1/2。

2. 毛巾包扎法

（1）头顶部包扎法。毛巾横盖于头顶部，包住前额，两角拉向头后打结，两后角拉向下颌打结。或者是毛巾横盖于头顶部，包住前额，两前角拉向头后打结，然后两后角向前折叠，左右交叉绕到前额打结。如毛巾太短可接带子。

（2）面部包扎法。将毛巾横置，盖住面部，向后拉紧毛巾的两端，在耳后将两端的上、下角交叉后分别打结，眼、鼻、嘴处剪洞。

（3）下颌包扎法。将毛巾纵向折叠成四指宽的条状，在一端扎一小带，毛巾中间部分包住下颌，两端上提，小带经头顶部在另一侧耳前与毛巾交叉，然后小带绕前额及枕部与毛巾另一端打结。

（4）肩部包扎法。单肩包扎时，毛巾斜折放在伤侧肩部，腰边穿带子在上臂固定，叠角向上折，一角盖住肩的前部，从胸前拉向对侧腋下，另一角向上包住肩部，从后背拉向对侧腋下打结。

（5）胸部包扎法。全胸包扎时，毛巾对折，腰边中间穿带子，由胸部围绕到背后打结固定。胸前的两片毛巾折成三角形，分别将角上提至肩部，包住双侧胸，两角各加带过肩到背后，与横带相遇打结。

（6）背部包扎法。背部包扎法与胸部包扎法相同。

（7）腹部包扎法。将毛巾斜对折，中间穿小带，小带的两端拉向后方,在腰部打结,使毛巾盖住腹部。将上、下两片毛巾的前角各扎一小带,分别绕过大腿根部与毛巾的后角在大腿外侧打结。

(8)臀部包扎法。臀部包扎法与腹部包扎法相同。

3. 包扎时的注意事项

(1)包扎时,应做到动作迅速敏捷,不可触碰伤口,以免引起出血、疼痛和感染。

(2)不能用井下的污水冲洗伤口。伤口表面的异物(如煤块、矸石等)应去除,但深部异物需运至医院取出,防止重复感染。

(3)包扎动作要轻柔,松紧适宜,不可过松或过紧,结头不要打在伤口上,应使伤员体位舒适,包扎部位应维持在功能位置。

(4)脱出的内脏不可纳回伤口,以免造成体腔内感染。

(5)包扎范围应超出伤口边缘 5～10 cm。

(六)骨折临时固定

骨折固定可减轻伤员的疼痛,防止因骨折端移位而刺伤邻近组织、血管、神经,也是防止创伤休克的有效急救措施。

1. 操作要点

(1)在进行骨折固定时,应使用夹板、绷带、三角巾、棉垫等物品。手边没有上述物品时,可就地取材,如板劈、树枝、木板、木棍、硬纸板、塑料板、衣物、毛巾等均可代替。必要时也可将受伤肢体固定于伤员健侧肢体上,如伤指可与邻指固定在一起,下肢骨折可与健侧绑在一起。若骨折断端错位,救护时暂不要复位,即使断端已穿破皮肤露在外面,也不可进行复位,而应按受伤原状包扎固定。

(2)骨折固定应包括上、下两个关节,在肩、肘、腕、股、膝、踝等关节处应垫棉花或衣物,以免压破关节处皮肤,固定应以伤肢不能活动为度,不可过松或过紧。

(3)搬运时要做到轻、快、稳。

2. 固定方法

(1)上臂骨折。于患侧腋窝内垫以棉垫或毛巾,在上臂外侧安放垫衬好的夹板或其他代用物,绑扎后,使肘关节屈曲90°,将患肢捆于胸前,再用毛巾或布条将其悬吊于胸前。

(2)前臂及手部骨折。用衬好的两块夹板或代用物,分别置放在患侧前臂及手的掌侧及背侧,以布带绑好,再以毛巾或布条将臂悬吊于胸前。

(3)大腿骨折。用长木板放在患肢及躯干外侧,半髋关节、大腿中段、膝关节、小腿中段、踝关节同时固定。

(4)小腿骨折。用长、宽合适的两块木夹板自大腿上段至踝关节分别在内、外两侧捆绑固定。

(5)骨盆骨折。用衣物将骨盆部包扎住,并将伤员两下肢互相捆绑在一起,膝、踝间加以软垫,曲髋,屈膝。要多人将伤员仰卧平托在木板担架上。有骨盆骨折者,应注意检查有无内脏损伤及内出血。

(6)锁骨骨折。以绷带做"∞"形固定,固定时双臂应向后伸。

(七)伤员搬运

井下条件复杂,道路不畅,转运伤员要尽量做到轻、稳、快。没有经过初步固定、止血、包扎和抢救的伤员,一般不应转运。搬运时应做到不增加伤员的痛苦,避免造成新的损伤及并发症。搬运时应注意以下事项:

(1)呼吸、心搏骤停及休克昏迷的伤员应先及时复苏后再搬运。在没有懂得复苏技术的人员时,为争取抢救的时间应迅速向外搬运,去迎接救护人员进行及时抢救。

(2)对昏迷或有窒息症状的伤员,要把肩部稍垫高,使头部后仰,面部偏向一侧或采用侧卧位和偏卧位,以防胃内呕吐物或舌头后坠堵塞气管而造成窒息,注意随时都要确保呼吸道的通畅。

(3)一般伤员可用担架、木板、风筒、刮板输送机机槽、绳网等运送,但脊柱损伤和骨盆骨折的伤员应用硬板担架运送。

(4)对一般伤员均应先行止血、固定、包扎等初次救护后,再进行转运。

（5）一般外伤的伤员，可平卧在担架上，伤肢抬高；胸部外伤的伤员可取半坐位；有开放性气胸者，需封闭包扎后，才可转运。腹腔部内脏损伤的伤员，可平卧，用宽布带将腹腔部捆在担架上，以减轻痛苦及出血。骨盆骨折的伤员可仰卧在硬板担架上，曲髋、屈膝，膝下垫软枕或衣物，用布带将骨盆捆在担架上。

（6）搬运胸、腰椎损伤的伤员时，先把硬板担架放在伤员旁边，由专人照顾患处，另有两三人在保持其脊柱伸直位的同时用力轻轻将伤员推滚到担架上。推动时用力大小、快慢要保持一致，要保证伤员脊柱不弯曲。伤员在硬板担架上取仰卧位，受伤部位垫上薄垫或衣物，使脊柱呈过伸位，严禁坐位或肩背式搬运。

（7）对脊柱损伤的伤员，要严禁让其坐起、站立和行走。也不能用一人抬头、一人抱腿或人背的方法搬运。因为当脊柱损伤后，再弯曲活动时，有可能损伤脊髓而造成伤员截瘫甚至突然死亡，所以在搬运时要十分小心。

在搬运颈椎损伤的伤员时，要专有一人把持伤员的头部，轻轻地向水平方向牵引，并且固定在中立位，不使颈椎弯曲，严禁左右转动。搬运者多人双手分别托住颈肩部、胸腰部、臀部及两下肢，同时用力移上担架，取仰卧位。担架应用硬木板，肩下应垫软枕或衣物，使颈椎呈伸展样（颈下不可垫衣物），头部两侧用衣物固定，防止颈部扭转，且忌抬头。若伤员的头和颈已处于曲歪位置，则需按其自然固有姿势固定，不可勉强纠正，以避免损伤脊髓而造成高位截瘫，甚至突然死亡。

（8）转运时应让伤员的头部在后面，随行的救护人员要时刻注意伤员的面色、呼吸、脉搏，必要时要及时抢救。随时注意观察伤口是否继续出血、固定是否牢靠，出现问题要及时处理。走上、下山时，应尽量保持担架平衡，防止伤员从担架上翻滚下来。

（9）运送到井上，应向接管医生详细介绍受伤情况及检查、抢救经过。

四、避灾路线的选择

发生事故后,及时报警可增加获救的机会、赢得抢救的时间。在事故发生后要充分利用附近的电话或派出人员迅速将事故情况向领导或调度室汇报。避灾过程中,要保持镇静、沉着应对,不要惊慌、不要乱喊乱跑;要遵守纪律,听从指挥,绝不可单独行动。紧急避灾撤离事故现场时,要迎着风流、向进风井口撤离,并在沿途留下标记。无法安全撤离灾区时,要迅速进入预先构筑的躲避硐室或其他安全地点暂避,在硐室外留下明显标记,并不时敲打轨道或铁管发出求救信号。撤离路线被封堵时,不要冒险闯过火区或泅过被水封堵的通道。

在编制矿井灾害预防和处理计划时,一定要考虑到井下任何地点发生火灾时,撤出遇险人员和有危险人员的最短和最安全的路线、报警方法和避灾路线等,并应根据井下巷道的变化情况,及时修订避灾路线。

(1) 矿井内发生火灾时,避难人员要迎着新鲜风流,选择安全的避灾路线,有秩序地撤离危险区。

(2) 撤离时要注意风流的变化,当撤退路线被火烟截断且有中毒危险时,要立即戴上自救器,尽快通过附近风门进入新鲜风流内。

(3) 确实无法撤退时,应进入附近避难硐室或筑建临时避难硐室等待救援。如该处有压风管路,应打开阀门或设法切开管路,放出压风维持呼吸。对独头掘进工作面,发现烟气从风筒出口处排入工作面时,应立即将风筒出风口扎紧,截住烟气,撤出人员。当人员无法撤退时,应静卧在巷道中无烟气处等待救援。

(4) 在井下烟气弥漫的区域内,如仍有人员未撤出,或无法知道他们是否已撤出时,应考虑到他们可能在现有的避难硐室或临时避难硐室,不能中断送向这些地区的压风。为了使人员安全撤出灾区,必须控制风流,保证风流的稳定性,严防风流逆转。

（5）遇到瓦斯、煤尘爆炸事故时,要迅速背向空气震动的方向、脸向下卧倒,并用湿毛巾捂住口鼻,以防止吸入大量有毒气体;与此同时要迅速戴好自救器,选择顶板坚固、有水或离水较近的地方躲避。

（6）遇到水灾事故时,要尽量避开突水水头,难以避开时,要紧抓身边的牢固物体并深吸一口气,待水头过去后开展自救和互救;逃生时要向上水平撤退,切不可向独头巷道撤退,不能盲目潜水逃生。

（7）遇到煤与瓦斯突出事故时,要迅速戴好隔离式自救器或进入压风自救装置或进入避难硐室。

思考题:

1. 简述发生事故后现场人员的行动原则。
2. 简述自救器的使用方法。
3. 伤员昏迷后如何抢救?
4. 伤员出血时如何止血?
5. 伤员骨折时如何固定?

第三部分　高级工专业
知识和技能要求

第八章　井下作业常见安全隐患及现场处置

第一节　瓦斯安全隐患及现场处置

一、常见瓦斯安全隐患

（1）在瓦斯超限情况下照常作业，不采取措施。

（2）采煤工作面上隅角、回风巷瓦斯经常超限，未采取有效措施；掘进巷道高顶高冒未及时处置；巷道出现层状瓦斯积聚。

（3）对瓦斯涌出异常区域未编制和执行专门的安全措施；对瓦斯涌出严重的采掘工作面，不按规定装置、检查、维修，瓦斯监测设备没有得到正常使用。

（4）瓦斯检查空班、漏检、伪造检查数据；不按规定检查盲巷。

（5）工作区域瓦斯超限时，不及时切断电源，撤出人员，停止工作；没有及时汇报和采取措施进行处置。

（6）作业地点瓦斯或二氧化碳浓度达到了 2% 又不能立即处置时，未能在 24 h 内封闭。

（7）处置巷道积聚瓦斯时，不制定和执行排放瓦斯措施；未通知矿山救护队而自行探察或排放瓦斯；排放时，回风区域不断电、撤人和警戒，不控制向盲巷供风。

（8）有煤与瓦斯突出危险的采掘工作面未采取切实可行的防突措施，存在较大发生突出的可能。

（9）随意改变瓦斯监测探头吊挂位置；擅自调整瓦斯检测仪指示或堵塞防护罩，造成监测失真。

二、瓦斯安全隐患现场处置

（1）加强对作业场所的安全检查，及早发现问题，及时妥善地整改。

（2）采煤工作面必须确保通风系统稳定，按作业规程要求，配够足够风量，确保巷道畅通，断面符合《煤矿安全规程》的规定。

（3）工作面上隅角或煤机上必须每班悬挂便携式甲烷检测报警仪，一旦出现报警，应立即停止作业，由瓦斯检查员采取风障措施处理或对上隅角充填处理。

（4）在瓦斯超限情况下，不得作业，必须采取措施。

（5）对瓦斯涌出异常区域编制专项措施。

（6）矿井必须有因停电和检修主要通风机停止运转或通风系统遭到破坏以后恢复通风排除瓦斯和送电的安全措施。恢复检查人员检查证实无危险后，方可恢复工作。

（7）安装和使用局部通风机和风筒必须遵守《煤矿安全规程》的规定。

（8）施工队组必须按操作规程作业，同时执行重点瓦斯工作面安全措施的各项规定。

第二节　煤与瓦斯突出安全隐患及现场处置

一、常见煤与瓦斯突出安全隐患

（1）瓦斯抽放系统、瓦斯监控系统（指担负整个采区的主要系统）不能正常运行超过 30 min。

（2）出现煤与瓦斯突出灾害预兆未及时停工或未采取安全措施。

（3）地面瓦斯抽放系统没有按规定安设防回火、防爆炸、防回气等安全装置，安全装置失灵而继续运行。

（4）区域效果达标后，仍出现采掘作业期间因瓦斯异常而停掘停采。

（5）工作面出现严重的喷孔、响煤炮等明显的突出预兆未组织人员撤离或未采取安全技术措施。

（6）采掘工作面不按防突措施要求进行施工或未进行效果检验直接组织生产，或超采超掘。

二、煤与瓦斯突出隐患现场处置

（1）加强对作业场所的安全检查，及早发现问题，及时妥善地整改。

（2）认真落实各级人员的责任制。

（3）建立严密的组织机构和专业队伍。

（4）加强对瓦斯抽放系统、瓦斯监控系统等设备的检查维修工作，对于设备出现问题及时处理。

（5）煤与瓦斯突出矿井，必须采取包括突出危险性预测、防治突出措施、突出措施效果检验、安全防护措施的综合措施，防治煤与瓦斯突出。

（6）在有煤与瓦斯突出预兆的作业场所，必须先停止作业，组织人员撤离。采取相应的安全技术措施后，才能恢复作业。

第三节　矿井火灾安全隐患及现场处置

一、常见矿井火灾安全隐患

（1）未建立、健全矿井消防系统；井上、井下未建立消防库，或库内消防器材不齐全，不定期检查、更换。

（2）在有自然发火危险的煤层，不执行防火措施。

（3）井下电焊、气焊、拍摄、录像时，无安全措施或不按措施执行；无通防、安监人员在现场检查和监督。

（4）采空区密闭、采区回风巷、巷道高顶高冒处及其他无人工作和一般人员不行走的巷道，不按规定检查有害气体。

（5）火区管理不善；永久防火墙无观测孔，不按规定进行管理；启封火区不执行《煤矿安全规程》的规定。

（6）井下使用的电缆、风筒、带式输送机的输送带等不阻燃；带式输送机无低速保护，无烟雾报警和超温自动洒水断电装置；带式输送机巷无消防管路，机头硐室无沙箱和合格的灭火器材。

（7）出现自燃灾害预兆未及时停工或未采取安全措施。

（8）开采容易自燃和自燃煤层时，未按规定（检测和取样分析）进行预测预报。

（9）禁烟区内有吸烟现象或留有烟头。

二、矿井火灾安全隐患现场处置

（1）矿井井上、下必须按《煤矿安全规程》的要求，设计和建立消防供水系统，并在矿井、水平和采区投产的同时投入使用。

（2）消防管路必须铺设到主要运输道、采区回风道、平巷、上下山采区运输巷与回风巷、掘进巷道、煤仓放煤眼上下口、翻罐笼、卸载点、转载点等处。

（3）主要运输巷、主要回风巷、上下山、正在掘进的巷道中所安装的消防管路、工作面机巷、风巷每隔 50 m 应安设一个三通阀门；其他管路每隔 100 m 安设一个三通阀门，带式输送机机头必须设三通阀门。

（4）井下机电硐室、炸药库、风动工具清洗硐室的出口必须安设向外的防火门。

（5）三通阀门位置应便于使用和检修，必须有明显易辨的标志，其出口禁止射向电机车及其他电气设备。

（6）带式输送机必须有保运区装设火灾报警装置，通风区要安装自动洒水灭火装置。

（7）井底车场、机电硐室、炸药库、风动工具清洗硐室等火灾隐患严重的地点及采掘工作面必须配备足够数量的灭火器材。

（8）矿井必须建立矿井反风系统，用于进风井口、井筒、井底车场及总进风巷发生火灾时进行反风。反风必须在 10 min 内完成反风操作，风量不低于正常风量的 40％。

（9）矿井反风装置必须每月检查一次，每年进行一次反风演习。

第四节　矿尘安全隐患及现场处置

一、常见矿尘安全隐患

（1）防尘系统不完善；采掘工作面无防尘管路；防尘设施不健全，使用不正常。

（2）未建立、健全除尘制度；不按规定冲刷清扫煤尘，造成厚度超过 2 mm、长度超过 5 m 的煤尘积聚。

（3）采煤机、掘进机无水开动；内、外喷雾装置不合格或使用不正常；各运煤转载点喷雾洒水装置不全、不灵敏，造成煤尘浓度严重超标。

（4）工作面采用干打眼。

（5）在有瓦斯煤尘爆炸危险的采掘工作面，不使用乳化炸药，不采用毫秒爆破。

（6）采掘工作面浅眼爆破，放小炮，放糊炮、明炮；爆破处置溜煤眼、煤仓堵塞时，违反有关规定。

二、矿尘安全隐患现场处置

（1）建立完善的防尘供水系统和制度，没有防尘供水管路的采掘工作面不得生产。

（2）完善专业队伍，配齐灭尘专业人员或施工单位兼职灭尘人员，建立冲刷巷道积尘制度，落实到人。

（3）各采掘工作面严格执行综合防尘的各项规定，必须采取湿式打眼，刷洗巷道，使用水炮泥，爆破喷雾，净化通风和个人防护等综合防尘措施。

（4）合理分配矿井风量、控制风速，保证各作业地点风速不超过最高允许风速；增加风量、改变通风系统要相应地考虑矿尘飞扬。

（5）掘进工作面爆破前后附近 20 m 的巷道内，必须洒水降尘。

（6）建立喷雾洒水和冲洗、清扫巷道沉积煤尘设施的制度，并认真落实，定期冲洗、清扫。

（7）严禁在煤尘中放连珠炮和使用多根爆破导线连续爆破。

（8）防治局部火灾或瓦斯爆炸点燃扬起的煤尘。

第五节　顶板事故安全隐患及现场处置

一、顶板事故常见安全隐患

（1）掘进工作面空顶距离超过规定而继续组织进尺作业。

（2）顶板破碎、瓦斯异常时，没有按照措施要求及时逐排施工。

（3）采煤工作面出现空顶距超过 0.5 m，片帮超过 1 m 以上。

（4）掘进工作面连续扩帮 4 排，深度超过 1.3 m 以上。

（5）锚索滞后工作面超过措施规定；顶板破碎时，锚索没有紧跟工作面；连续 3 根锚索没有及时张拉；张拉机不显示压力读数。

（6）使用风钻腿代替临时支护和单体柱代替压柱。

（7）巷道扩帮、拉底后帮加固支护不及时。

（8）顶底板移近量小于每米采高 100 mm。

二、顶板事故安全隐患现场处置

（1）强化工程质量管理，搞好采掘质量标准工作。

（2）采掘工作面严禁空顶作业，所有工作面支柱都必须穿柱鞋，并保证有足够的初撑力和工作面阻力，凡采高大于 1.8 m 的支柱都必须采用防倒柱措施。

（3）认真开展阻力监控工作。

（4）巷道改、扩棚及回棚时，必须制定专门的施工安全技术措施。

（5）保证支护材料、支架的质量，支护材料的规格、性能、支架的材质、加工质量、混凝土的配比、标号等，必须符合规定，不合格的一律不准下井使用。

（6）加强井巷修护过程中的顶板管理，修护前必须制定切实可行的安全措施。

（7）加强工作面地质预测工作。

（8）矿井采掘工作面的安全技术管理要纳入矿井正规管理，无规程、无措施的不准施工。

（9）每一采掘工作面必须具备一定数量的备用支护材料，严禁使用折损、腐朽的坑木和损坏、失效、缺件等不完好的金属支柱顶梁进行支护和维修。

（10）认真执行敲帮问顶制度。

第六节　电气作业安全隐患及现场处置

一、违章操作引发的安全隐患及处置方法

1. 常见的违章操作引发的安全隐患

（1）违反操作规程引起的安全隐患：如某单位主司机在无监护司机的情况下，独自操作停机；操作时，在未确定油断路器是否断开的情况下，带电拉开隔离开关，造成弧光短路，致使变电所一回路电源跳闸。

（2）违反验电、放电、挂接地线引发的安全隐患。

（3）应急处置不当引发的事故扩大。当发生事故时，应按照事故应急处置程序进行处置，否则一旦处置不当，将会造成事故的进一步扩大。

（4）违章带电安装、检修、检查、清扫电气设备。

（5）违章使用电气设备引发电气安全隐患。

（6）违反两票制度引发的安全隐患。

2. 违章操作引发的安全隐患处置方法

（1）严格按照技术要求合理选用和使用电气设备。

（2）严禁带电作业，严格执行操作规程。

（3）严格执行停送电制度、两票制度、工作监护制度、停送电挂牌制度等安全用电的各项制度。

（4）严格执行事故应急处置程序。

（5）加强工作人员的安全技术培训。

二、维护检查不当引发的安全隐患及处置方法

1. 常见的维护检查不当引发的安全隐患

（1）未按规定定期检查清扫设备。

（2）未按规定定期检查设备绝缘情况。

（3）未按规定定期进行预防性检修和试验。

（4）未按规定的检修施工标准检修维护设备。

（5）检修后未按规定进行详细检查。

（6）井下因维护检查不当所引发的安全隐患。

2. 维护检查不当引发的安全隐患处置方法

（1）严格按照检修周期进行预防性检修和试验，把设备隐患消灭在萌芽状态。

（2）严格按照检修标准和设备技术要求进行检修，确保设备检修质量。

（3）设备检修时，制定具有针对性的安全技术措施，以规范检修行为，避免事故发生。

（4）加强设备巡检，及时发现设备隐患，及早处置。

三、管理不善引发的安全隐患及处置方法

1. 常见的管理不善引发的安全隐患

（1）岗位责任制不健全引发的安全隐患。

（2）两票制度、操作规程、检修制度等管理制度不健全引发的安全隐患。

（3）现场管理不到位引发的安全隐患。

（4）职工培训不到位及无证上岗引发的安全隐患。

2. 管理不善引发的安全隐患处置方法

（1）建立、健全各项管理制度和操作规程。

（2）加强现场管理力度，提高现场管理水平，全面推行质量达标现场管理。

（3）加强职工安全技术培训和安全意识教育。

四、工具与仪器、仪表使用不当引发的安全隐患及处置方法

1. 常见的工具与仪器、仪表使用不当引发的安全隐患

（1）使用有缺陷的工具与仪器、仪表。

（2）使用等级不匹配的工具与仪器、仪表。

（3）使用不合格的劣质工具与仪器、仪表。

（4）不规范地使用工具与仪器、仪表。

2. 工具与仪器、仪表使用不当引发的安全隐患的处理方法

（1）定期检查、测试工具与仪器、仪表。

（2）选用等级匹配的工具与仪器、仪表。

（3）使用合格的工具与仪器、仪表。

（4）严格按照要求，规范使用工具和仪器、仪表。

五、自然灾害安全隐患及其对策

在各种可能产生的隐患中，自然灾害引起的各种隐患也是非常多的，如雷电、冰雹、大雨、大风等天气都能够带来不小的事故，

因此,人们应该对于自然现象造成的隐患给予高度重视,加强自然灾害引起的各种隐患的管理。

自然灾害安全隐患防范措施如下:

1. 雷电安全隐患的防范措施

为避免雷电引起的过电压雷击危害,防止雷击事故发生,在供电设备上应装设避雷线或避雷针以防止导线、设备、设施等直接遭受雷击;电气设备上可安设避雷器,防止雷电侵入波的危害;可以配置自动重合闸,防止雷击或其他放电造成停电事故;可以在中性点装设消弧线圈,以减轻雷击或其他原因造成单项接地的危险;定期检查避雷装置和接地装置是否完好,检测接地阻值是否符合要求,提前采取预防措施,减少雷电所造成的影响。

2. 冰雪天气隐患的防范措施

为避免冰雪天气所引起的冰冻灾害,应保持电气设备适度的环境温度,同时对室外设备采取较高的防护等级。为了防止覆冰事故,应加强观察气候的变化,如已经覆冰,可采用通电加热或机械的办法予以除冰,降低冰雪天气所产生的影响。

3. 大雨安全隐患的防范措施

保证电气设备的通风条件,必要时采取强制通风,以降低空气湿度。同时加强防洪设施的建设和管理,提高设备的绝缘防护等级。在汛期应加强巡视检查,必要时,在杆塔周围打防洪桩,提高杆塔的稳定性。

4. 大风天气安全隐患的防范措施

对电气设备采取必要的防护措施,如加固电杆,加强巡视检查和测试,加大输变电线路设备的巡视力度,缩短大风扬尘天气期间巡视周期,还应调整导线的弧垂、修剪线路附近的树木、清扫周围的杂物等以减少大风天气引起的飞物影响,利用红外测温仪对易受沙尘影响的线路负荷绝缘子、接点等关键部位进行检测,提高设备基础的抗风强度等。

第七节 提升作业隐患及现场处置

一、主轴装置存在的安全隐患及处置

1. 主轴装置存在的安全隐患

（1）滚筒运行时异响。

（2）主轴折断或弯曲。

（3）滚筒壳产生裂缝。

（4）滚筒轮毂或内支轮松动。

2. 主轴装置存在安全隐患的处置

（1）滚筒运行时异响的处置方法：紧固、修理或更换；焊补、减轻载荷或对滚筒加筋补强；更换滚筒衬木；在滚筒内部加筋补强；更换滚筒衬套，适当加油；背紧键或更换键；清除滚筒内异物。

（2）主轴折断或弯曲的处置方法：调整同心度和水平度；防止重负荷冲击；保证加工质量；改进材质，调直或更换符合要求的材质；经常进行转动调位，勿使一面受力过久。

（3）滚筒壳发生裂缝的处置方法：在筒壳内部加立筋或支环，拧紧螺栓；按精确计算的结果，更换筒壳；更换木衬。

（4）滚筒轮毂或内支轮松动的处置方法：紧固或更换连接螺栓；检修和重新转配。

二、减速机存在的安全隐患及其处置

1. 减速机存在的安全隐患

（1）减速机声音不正常或震动过大。

（2）齿轮严重磨损，齿面出现点蚀现象。

（3）齿轮"打牙断齿"。

（4）传动轴弯曲或折断。

（5）减速及漏油。

（6）轴承发热。

2. 减速机存在隐患的处置

（1）减速机声音不正常或震动过大的处置方法：调整齿轮间隙；对相应齿轮进行修理或更换；调整轴向串量；调整各轴的直线度和平行度；调整轴瓦间隙或更换轴瓦；修理或更换相应齿轮；背紧键或更换键；紧固地脚螺栓；加强润滑。

（2）齿轮严重磨损，齿面出现点蚀现象的处置方法：调整装配；进行修理；调整负荷；更换或改进材质；加强润滑或更换润滑油。

（3）齿轮打牙断齿的处置方法：清除异物；采取措施，杜绝反常的重载荷和冲击载荷；改进材质，更换齿轮。

（4）传动轴弯曲或折断的处置方法：检查取出异物，并杜绝异物掉入；经常检查，发现断齿或出现异响即停机处置；改进或更换材质；改进加工方法，保证加工质量。

（5）减速机漏油的处置方法：在凹形槽内加装耐油橡胶绳和石棉绳，在对口平面处用石棉粉和酚醛清漆混合涂料加以涂抹；或者对口采用耐油橡胶垫，石棉绳掺肥皂膏封堵；对口螺栓直径加粗或螺栓加密；疏通回油沟，在端盖的密封槽内加装 Y 形弹簧胶圈或 O 形胶圈；更换供油指标器；适当调节供油量，管和接头配合要严密，用石棉绳涂铅油拧紧；在轴承对口靠瓦口部分垫以耐油橡胶或肥皂片；在螺栓孔内垫以胶圈，拧紧对口螺栓。

（6）轴承发热的处置方法：调整好间隙，或更换、加油或换油。

三、联轴器存在的安全隐患及其处置

1. 联轴器存在的隐患

（1）齿轮联轴器连接螺栓切断。

（2）齿轮联轴器的齿轮磨损严重或折断。

2. 联轴器存在隐患的处置

（1）齿轮联轴器连接螺栓切断的处置方法：调整找正、更换。

（2）齿轮联轴器的齿轮磨损严重或折断的处置方法：定期加

润滑剂,防止漏油;调整找正;调整间隙。

四、制动装置存在的安全隐患及其处置

1. 制动装置存在的隐患

(1) 制动器和制动手把跳动或偏摆,制动不灵,降低和丧失制动力矩。

(2) 制动闸瓦、闸轮过热或烧伤。

(3) 制动油缸活塞卡缸。

2. 制动装置存在隐患的处置

(1) 制动器和制动手把跳动或偏摆,制动不灵,降低和丧失制动力矩的处置方法:更换销轴,定期加润滑剂;处理和调整;更换三通阀;重新调整找正;清洗换油,疏通油路。

(2) 制动闸瓦、闸轮过热或烧伤的处置方法:改进操作方法;更换闸瓦;紧固螺栓;调整闸瓦的接触面。

(3) 制动油缸活塞卡缸的处置方法:更换皮碗;清洗、换油;调整、检修;修理、更换;修理或更换油缸。

五、液压系统存在的安全隐患及其处置

1. 液压系统存在的安全隐患

(1) 溢流阀定压失调。

(2) 正常运转时突然油压下降,松不开闸。

(3) 启动油泵后,不产生油压,溢流阀也没有油流。

(4) 液压站残压过大。

(5) 油压高频振动。

2. 液压系统存在安全隐患的处置

(1) 溢流阀定压失调的处置方法:更换弹簧;更换已磨损元件;检修或更换叶片泵。

(2) 正常运转时突然油压下降,松不开闸的处置方法:清洗或更换溢流阀;更换磨损元件;检查线路;检查管路。

（3）启动油泵后，不产生油压，溢流阀也没有油流的处置方法：排出油泵中的空气；检修叶片泵；清洗或更换滤油器；检修滑阀；清洗检修溢流阀。

（4）液压站残压过大的处置方法：将十字弹簧上端的螺母拧紧；更换节流孔元件。

（5）油压高频振动的处置方法：更换相应的液压元件；重新选配节流元件；利用排气排出油压系统中的空气。

思考题：

1. 试述瓦斯安全隐患及其现场处置。
2. 试述煤与瓦斯突出安全隐患及其现场处置。
3. 试述矿井火灾安全隐患及其现场处置。
4. 试述矿尘安全隐患及其现场处置。
5. 试述顶板事故常见安全隐患及其现场处置。
6. 试述电气作业常见安全隐患及其现场处置。
7. 试述提升作业常见安全隐患及其现场处置。

第九章　矿井灾害的处理

第一节　矿井灾害预防与处理计划

　　煤矿地下开采的作业环境复杂多变,且在生产过程中经常受到瓦斯、煤尘、火灾、水害、冒顶等灾害的威胁。矿井灾害预防和处理计划是矿井重要技术文件之一,简称灾害计划,旨在当井下一旦发生灾变时,能够及时正确地实施抢险救灾组织指挥,迅速掌握处理事故的主动权,充分利用井下现有条件,积极组织矿工自救和互救,避免和减少伤亡和损失,防止灾情扩大,及时安全地营救遇难人员,迅速消灭事故,恢复正常生产。

一、编制矿井灾害预防与处理计划的目的及意义

　　(1)贯彻执行预防为主和防治结合的原则,采取预防措施,防止可能发生的灾害,保障矿井的安全生产。

　　(2)预先做好准备,在预防事故无效的情况下,以便及时采取措施,消灭已经发生的事故,或控制事故的蔓延和扩大,迅速抢救受灾遇难人员,以减轻事故造成的损失。

二、矿井灾害预防和处理计划的编制

　　(一)矿井灾害预防和处理计划的编制内容

　　1. 处理事故必备的有关资料

　　(1)矿井通风四种图(矿井通风系统图、矿井通风网络图、矿井通风立体图、矿井通风压能图),并附有反风试验报告以及反风

设施完好可靠的检查报告。

（2）采掘工程现状平面图及井上、下对照图。

（3）矿井供电系统图和井上、下电话的安装地点。

（4）井下消防洒水管路和排水管路以及压风管路系统图。

（5）地面和井下消防列车库的位置以及储备的材料、设备、工具等名称和数量登记表。

2. 有关业务方面的安全措施

（1）根据矿井下的具体情况，列举可能发生的各种灾情，如自然发火、煤与瓦斯突出、地下水害以及冲击地压、顶板大面积冒落等的预兆。

（2）提出预防各种重大灾害事故，如瓦斯煤尘爆炸、煤与瓦斯突出、火灾、透水、冲击地压和顶板大面积冒落等的安全措施、组织措施和必需的物质准备。

（3）矿井一旦发生灾害后，及时利用电话、信号等通知灾区和受威胁地区人员，确定井下人员的避灾路线，撤退时的负责人及井下人员的自救和互救方法，自救设施和设备等，提出抢险救灾人员的行动路线、抢救方法和措施，对井下人员的统计方法，以及向待救人员供给空气、食物和饮用水的方法等。

（4）提出灾变时期的通风方式，它对顺利抢救人员具有决定意义。

3. 抢险救灾人员的职责

明确处理事故的组织领导及各有关单位及领导人的任务职责，使预防和处理事故的各项措施都能落实到每个人身上。

（二）发生各种重大灾害事故的处理安全措施

井下发生火灾、瓦斯爆炸、煤尘爆炸以及煤与瓦斯突出等重大灾害事故时，首先要迅速组织撤出灾区和受到威胁区域的所有人员，全力以赴抢救遇难人员，并切断灾区的电源。对不同性质的灾害分别采取不同的措施。

三、矿井灾害预防和处理计划的执行和应用

1. 矿井灾害预防和处理计划的执行

（1）矿井灾害预防和处理计划，必须在每年开始前一个月上报局总工程师批准后，由矿长负责贯彻执行。

（2）组织全体职工（包括矿山救护队队员）学习贯彻，并熟悉避灾路线。各基层单位的领导和主管技术的人员要负责组织本单位的全体职工学习贯彻，进行考试。没有参加学习或考试不及格以及不熟悉矿井灾害预防和处理计划有关内容的干部和职工，不准下井工作。如有修改和补充时，应组织全体职工重新学习贯彻。

（3）每年至少组织一次矿井救灾演习。对演习中发现的问题，必须及时采取有效措施，立即改正。

2. 矿井灾害预防和处理计划的应用

现举例说明矿井灾害预防和处理计划的应用。例如，井下发生外因火灾时，火灾一般发生得突然，来势凶猛，顷刻之间井下所有人员的生命处于危难之中。因此，防火抢险救灾是刻不容缓的工作，也是与时间争生命夺资源的过程。面对这种突如其来的灾难，对付这样错综复杂的局面，必须以预防为主，在火灾发生之前制定防火救灾的应急计划；在编制计划时，必须仔细考虑所有可能发生火灾的地点和着火因素等，搞清这些火灾对井下人员的影响，选择最佳的调整风流、控制烟流、防止风流逆转等方案，这是最关键的步骤。

第二节　矿井爆炸事故的处理

一、处理爆炸事故的一般原则

（1）抢救遇险、遇难人员是处理爆炸事故的中心工作，其他工

作必须为此项工作服务。在遇难人员没有安全撤出之前,抢救工作不得停止。

(2)爆炸引起火灾而灾区有遇难人员时,应首先采用直接灭火法灭火。只有在火势很大无法救出遇难人员时,才可以考虑采用封闭灾区的方法进行综合灭火。

(3)遇险、遇难人员未全部救出之前,清除巷道堵塞物的工作一刻也不能停止。实践证明,在因爆炸引起的冒顶而堵塞的巷道中,往往能成功救出遇险人员。

(4)在紧急救人的情况下,爆炸产生的大量有毒有害气体严重威胁回风方向的工作人员时,在保证入风方向的人员已安全撤离的情况下,可以考虑采用反风措施。

(5)灾区经过侦察后,确定没有二次爆炸危险时,为了便于抢救遇难人员,应迅速对灾区进行通风,排除有毒有害气体。

(6)确认灾区内没有幸存的遇险人员时,救灾人员不应冒险进入灾区抢运。

(7)抢救遇难人员的工作结束,灾区恢复通风后,应组织有关人员对灾区进行全面调查,查清爆炸事故发生的原因。

二、处理爆炸事故的一般措施

(1)救灾人员到达事故矿井后,应将各小队陆续派往遇难人员最多的区域,对其他可能有遇难人员的地点,应派出侦察小队寻找。

(2)为了能使救灾人员迅速到达灾区,应考虑选择合适的行进路线。从进风方向进入灾区,救灾人员在新鲜风流中行进速度快,不必佩戴呼吸器,对减少救灾人员体力消耗有利。从回风方向进入灾区,救灾人员在烟雾中进行,须佩戴氧气呼吸器,行进速度缓慢,体力消耗大。但从回风方向进入灾区,对及时发现遇难人员有利,因为回风方向往往是遇难人员聚集最多的地方。此外,选择行进路线时,应考虑路线的长短和前进受阻情况。一般情况下,在有一个小队首先到达矿井时,应选择进风方向进入灾区;在有多个小队同时到达矿井时,应从进风方向和回风方向同时进入灾区。

(3)爆炸产生冒顶,造成巷道堵塞,救灾人员前进受阻时,首先到达该处的救护小队应立即退出,选择其他路线进入灾区。如果没有其他通道进入灾区,该小队应立即着手清除堵塞物。巷道堵塞严重,救灾人员在短时间内不能扒开冒落物进入灾区,应恢复堵塞区以外的通风,不要让没有佩戴氧气呼吸器的人员清理堵塞物。这时救灾人员应做好准备,一旦道路打开,立即进入灾区。

(4)首先进入灾区的小队,发现有幸存的遇险人员时,应迅速给予急救,并运出灾区。发现确认已遇难的人员时,应标明遇难位置,并编号挂牌,然后继续前进,待灾区全部侦察任务完成后,再将遇难的人员运出灾区或交给后续小队运出灾区。

(5)遇有众多尚有呼吸的遇险人员,救灾人员一时来不及全部救出受灾人员,而又无更多呼吸器、自救器给遇险人员佩戴时,应迅速恢复通风,供给灾区新鲜空气。恢复通风时,首先应恢复最容易恢复的通风设施。损坏严重而一时难以恢复的通风设施,应建立临时的通风设施代替,时间紧迫,为了减轻遇险人员受有毒气体的毒害程度,救护队应打开氧气瓶,稀释遇险者周围的有毒有害气体的浓度。

(6)爆炸引起的火灾,应立即扑灭。如果火势很大,一时难以扑灭时,应立即采取措施阻止火势向遇难人员所在地蔓延,待全体遇难人员被救出后,再进行灭火工作。

三、处理爆炸事故的安全注意事项

(1)救灾人员必须问清事故性质并制定侦察工作的安全措施,进入灾区进行侦察。

(2)救灾人员进入灾区后,必须随时检查瓦斯和气体的浓度,掌握各种气体浓度的变化,采取措施防止瓦斯连续爆炸。在有爆炸危险时,不得进入灾区。待采取措施后,确认没有爆炸危险,方可进入灾区工作。

（3）救灾人员进行灾区工作,不应轻易改变通风系统,以防引起风流变化,发生意外事故。如果改变通风系统,应在风流稳定后进入灾区工作。

（4）救灾人员进入灾区前,应切断灾区电源。

（5）在有明火存在时,要严格控制风速,不使煤尘飞扬。人员,行动要缓慢,以防荡起煤尘,引起爆炸。

（6）救灾人员穿过支架破坏区和冒落堵塞区时,应架设临时支架,以保证救灾人员的安全。通过支护不好的地点时,救灾人员要保持密切联系。

（7）救灾人员在进行灾区工作,应设待机小队。只有在紧急救人的情况下,才可不设。在大面积灾区进行工作,应派数个小队联合作战,并互相保持密切联系。

（8）救灾人员进入灾区,应使用灾区电话,以便将情况随时向井下基地和指挥部汇报。

（9）进入灾区行动要谨慎,防止碰撞产生火花,引起爆炸。

（10）确认人员已经遇难时,必须先恢复灾区通风,再进行处理。

第三节　矿井火灾的处理

一、矿井火灾处理的一般原则

（1）处理火灾事故时,应利用一切人力物力,首先采取措施营救遇险人员,并防止烟雾向人员集中地区蔓延。

（2）为防止救灾人员触电和引起瓦斯、煤尘爆炸,在救灾前应首先切断灾区电源。

（3）处理火灾事故过程中,必须指派专人检查瓦斯和煤尘,观察灾区气体和风速变化。当瓦斯浓度达到 2.0% 以上,且爆炸危险继续增加时,救灾人员必须全部撤到安全地点,采取措施,排除爆炸危险。

(4) 在瓦斯涌出量很大的巷道或采煤工作面处理火灾时,应在正常通风或增大风量的情况下进行灭火,并设专人检查爆炸性气体和风流变化。在有爆炸危险时,立即撤出灾区人员。

(5) 在处理火灾事故的过程中,要十分注意顶板的变化,以防止因燃烧使支架损坏造成顶板垮落伤人,或者是顶板垮落后造成风流方向和风量变化,而引起灾区一系列不利于安全抢救的连锁反应。

(6)《煤矿安全规程》规定,处理事故矿井火灾事故时应遵循以下原则:① 控制烟雾的蔓延,不致危及井下人员安全;② 防止火灾扩大;③ 防止引起瓦斯、煤尘爆炸,防止火风压引起风流逆转而造成危害;④ 保证救灾人员的安全,并有利于抢救遇险人员;⑤ 创造有利的灭火条件。

二、矿井火灾处理的一般措施

(1) 在矿井火灾的初起阶段,应根据现场的实际情况,积极组织人力、物力控制火势,用水、沙子、黄土、干粉、手雷、泡沫等直接灭火。

(2) 在采用挖除火源的灭火措施时,应先将火源附近的巷道加强支护,在急倾斜煤层中应把位于挖掘火源处后方的上山眼加以隔绝,以免燃烧的煤和矸石下落,截断救灾人员的回路。

(3) 扑灭瓦斯燃烧引起的火灾时,可采用沙子、岩粉和泡沫、干粉、惰气灭火,并注意防止采用震动性灭火手段。灭火时,多台灭火机要沿瓦斯的整个燃烧线一起喷射。

(4) 火灾范围大,火势发展很快,人员难以接近火源时,应采用高倍数泡沫灭火机和惰气发生装置等大型灭火设备直接灭火。

(5) 在人力、物力不足或用直接灭火方法无效时,为防止火势发展,应采取隔绝灭火的综合灭火措施。

（6）在扑灭井口房和井口建筑物的火灾时,通常采取的措施是:① 关闭进风井口防火铁门盖住井口,安设临时密闭。主要通风机反风或风流短路,或停止主要通风机运转等,以防燃烧烟雾侵入井下;② 引导井下人员出井;③ 在扑灭井口地面火灾,需要佩戴氧气呼吸器时,救护队协助消防队灭火。

（7）在井筒中发生火灾时,救灾人员采取的措施是:① 进风井筒着火时,立即使主要通风机反风;若考虑主要通风机停止运转后,因火风压的作用,烟雾可不侵入井下,即可停止主要通风机运转。出风井筒发火时,风流方向不变,一般应停止主要通风机,减少风量以利于控制火势。② 进风筒发生火灾,主要通风机无法反风,可关闭井口防火铁门,以便减少供风,控制火势;出风井筒发生火灾时,在停转主要通风机的同时也可关闭井下防火门,以便减少通过井筒的风量。③ 出风井筒发火时,引导井下人员经过进风井筒出井;进风井发火时,引导人员从出风井筒撤出,出风井、进风井同时发火时,利用一切通至地面的人行道、小井等引导人员出井。④ 竖井井筒发火时,不论烟流方向如何,一般不派人员进入井筒灭火,而是将灭火机械安装在井口,或自上而下降至着火地点灭火。

（8）在通风井底车场发生火灾时,救灾人员采取的措施是:① 采取主要通风机反风或风流短路使火灾烟雾直接排入总回风巷的措施,抢救井下人员。若主要通风机停转后能使矿井风流发生逆转,则停主要通风机营救井下人员。② 用打临时密闭和挂风障等办法,减少流向井底车场火源处的空气量。③ 利用通往火区的一切道路,集中最大数量的人力和物力(特别要应用井底车场水源充足的条件),直接扑灭火灾和阻止火灾蔓延。④ 井底车场的火灾扑灭后,要加强对硐顶和巷道的两帮(常有木垛或浮煤等)的检查,发现温度异常,立即采取打钻或打开混凝土硐、掘探火道等措施,扑灭硐顶和两帮的高温或阻燃火源。

（9）在井下硐室发生火灾时，救灾人员采取的措施是：① 首先使用硐室内存有的灭火器材（灭火器、沙箱等），进行直接灭火。② 硐室火灾难以直接扑灭时，应立即关闭硐室防火门。如无防火门，先用风障、临时密闭进行隔绝，然后采取措施扑灭硐室火灾。③ 硐室内煤柱着火时，可采用直接挖除火源、打钻压注泥浆、阻化剂的方法扑灭，或用在硐室周围煤层内开凿小巷的方法扑灭。④ 爆炸材料库着火时，应将库内储存的爆炸材料运出，首先是运出电雷管。如果因高温不能运出时，应关闭防火门，救灾人员退至安全地方。⑤ 绞车房着火后，为防止烧断钢丝绳而造成跑车伤人，应将火源下方的矿车固定。⑥ 蓄电池电机车车库着火后，必须切断电源，采取措施，防止氢气爆炸。

（10）在巷道发生火灾时，救灾人员采取的措施是：① 利用现场条件进行直接灭火。为防止火势扩大，在火源的上风侧常用悬挂风障和安设风门等方法，减少巷道中的风量。② 在火源的下风侧利用水幕阻止火灾蔓延。③ 如果巷道顶板岩石完整，也可采用拆除木支架阻断燃烧，防止火灾蔓延的方法。④ 扑灭上下火灾时，必须采取防止火风压造成风流逆转的措施。

（11）采煤和掘进工作面发生火灾时，采取的措施是：① 保持原有的通风状态，进行侦察后再采取措施；② 能够接近火源时，一般用压力水等直接灭火；③ 无法接近火源时，常用高倍数泡沫灭火机（或惰气发生装置）等扑灭火灾；④ 火区范围较大不具备直接灭火的条件，可先将火区封闭，待火势减弱、条件具备后再逐段启封，直接灭火。

第四节　矿井水灾的处理

一、处理矿井透水事故的一般原则

（1）矿井发生透水事故后，救灾人员的主要任务是救护遇险、遇难人员,以防止整个矿井被淹没。

(2)根据透水的水位与涌水量,救灾人员在确保自身安全的前提下,利用一切可以进入的通道进入灾区,迅速引导人员撤出危险区,到达能通往地面出口的地点。要禁止人员在独头巷道中暂避。在全部撤出受水威胁的地区人员后,可向一切能蓄水与泥沙的下山巷道疏放积水。

(3)遇险人员被水堵在巷道内难以接近时,应利用一切可能的方法,如打钻孔、使用压风机等,向被堵的遇险人员输送新鲜空气、饮料和食物等。但若遇险人员所在地点低于外部水位,应严禁采用这种方法,以免独头泄压,水位上升,淹没遇险人员。

(4)矿井发生水灾使人员被堵,如果积水不能及时排除,或不具备打钻孔向被堵区输送新鲜空气、饮料和食物等时,为保障遇险人员的生命安全,可以考虑进行潜水救护。即由潜水员潜水进入灾区,将携带的氧气瓶、食物、药品等送给遇险人员,以维持起码的生存条件,潜水救护作业的次数应根据排水时间、确保遇险人员的生命安全而定。在清理井下水仓中,遇水泵吸水口堵塞时,也可由潜水员进行作业。进行潜水救护作业的人员,必须由经过系统学习潜水救护知识,掌握潜水呼吸装置使用技能和水下作业方法的潜水员担任。

(5)救灾人员在排水后进行侦察、抢险时,禁止由下往上进入透水点,防止二次透水。在有二次透水可能的上山口附近,要设专人监视。救灾人员通过被水淹的巷道时,要认真检查加强保护。在急倾斜煤层或厚煤层的采区巷道中工作,应注意矿压的变化,防止掉底引起的垮落冒顶。

(6)救灾人员利用通风装置缩短风流,使矿井透水后所涌出的瓦斯排入总回风道。

(7)在组织排水时,应切断其电源,加强通风,排除瓦斯和其他有毒有害气体,加强观测,并防止一切火源。当排水接近车场或硐室时,要防止瓦斯和有害气体涌出,救灾人员应采取措施,保护排水人员的安全。

（8）在排水过程中,应尽量分段恢复通风,排除有毒有害气体,组织抢救危险巷道,以便从煤渣、积沙、积泥中寻找遇险遇难人员。在清理过程中,要为工作人员创造良好的安全条件,并利用一切可能的机械工具和提升设备进行工作。为迅速抢救人员,在清理时可以暂时利用可以堆积的空间,清通被堵区域。

（9）在处理水灾时,要确保救灾人员的自身安全,防止扩大事故,尤其是进入遇险人员躲避地点时,不经检查确认无危险时,不准脱掉氧气呼吸器。

二、矿井透水后的强排水措施

矿井发生透水事故后,必须根据矿井透水地点、突水量、井巷工程条件及淹没区域充水条件,预测矿井淹没过程中不同标高的最大涌水量以及未被淹没泵房的设备能力等资料,选择最佳强排水措施。

（1）下山或倾斜巷道的下部透水未淹至上部巷道前的强排水。一般采取安装卧式离心泵排水的方法。这种方法安装比较简单,但随着强排水的进展透水量逐渐减少时,需要不断地往下移泵接头,或是随着透水量的不断增加,水泵能力低于透水速度,需要不断地往上或高处移泵。这时可以采取单泵一级、双泵一级、小泵群组合一级或串联泵多级排水,因地制宜地加以选择。

（2）矿井突水水平的排水泵房未淹没前的强排水。此时对矿井突出水量及可能最大突水的预测是关键。因此要认真测定涌水量和预测最大可能的涌水量,启动足够的排水能力强行排水。若突水量较大,核实能力不足时,有条件的矿井可以关闭有关井底车场水闸门限制放水。有条件时,可向低标高井巷部分放水。

（3）突水水平泵房被淹,水位仍在上涨时的强排水。

① 减缓水位上涨。即封堵未淹井巷内一切可以封堵的涌水,

对在排水能力不足情况下减缓水位淹没速度能起到很好的作用。如果关闭未淹井巷涌水钻孔,对部分下放的涌水采取闸墙封堵或建临时排水站。总之,要努力防止上巷涌水下灌而增加淹没矿井的水量。

②建立临时强排水基地。临时强排水基地应尽可能接近淹没水位,又要保证不被继续上涨的水位淹没,因此必须根据矿井突水量来预测最大突水量、可能被淹没井巷及采空区充水体积,预计水位上升到各未淹水平的时间,为临时排水基地选址和建立留出时间。

三、恢复被淹井巷的安全措施

在进行排水和恢复工作时的安全措施是:

(1)经常检查瓦斯。当井筒空气中瓦斯浓度达1%时,停止向井下输电排水,要加强通风,使瓦斯浓度下降至1%以下。

(2)及时检查有毒有害气体,定期取样分析。排水期间每班取气样一次;当水位接近井底时,每两个小时取气样一次。此时,看水泵的人员应由佩戴氧气呼吸器的救护队员担任。

(3)严禁在井筒内或井口使用明火灯,也不准出现其他火源,防止井下瓦斯大量涌出引起爆炸事故。

(4)在井筒内、井下安装排水管或进行其他工作的人员,都必须佩带安全带和自救器。

(5)在恢复井巷时,应特别注意防止冒顶和坠井事故。

(6)在整个恢复工作时期,必须十分注意通风工作。因为在被淹井巷内常积存着大量的有害有毒气体,如 CO_2、H_2S、CH_4 等,当水位降低时,压力解除,上述气体可能大量排出。因此,必须事先准备好局部通风机,随着水位的下降,进行局部通风,排出瓦斯。

四、溃决、淤堵事故的处理

(1)在处理溃决、淤堵事故时,救灾人员的主要任务是抢救人员,清除井巷内的淤泥和恢复通风。在通风和空气成分正常的情况下,清除巷道淤泥的工作应由受灾矿组织人员进行。

(2) 在淤泥已经停止流动而巷道内尚有遇险人员时,救灾人员应采取侦察巷道的措施,仔细检查所有避灾的巷道、硐室,以寻找人员。这时,救灾人员应在淤泥上铺设木板进行工作。

(3) 若淤泥尚有继续沿巷道扩展的威胁时,救灾人员应在保障遇险人员的处境不至更加恶化的前提下,采取如下应急措施阻止淤泥扩展:砌防护墙和水堤;使部分巷道冒落;利用矿车、防火门等堵塞巷道等。

(4) 在下部水平巷道有被淤泥充塞的危险时,救灾人员应将人员自危险区引至上部水平巷道地面出口处。要禁止人员在独头上山巷道中暂避。

(5) 救灾人员在进行侦察和抢救时,禁止经过淤泥充塞区的上山及进入上部充满淤泥的巷道,以防淤泥顺上山向下溃决。

(6) 发生溃决、淤堵事故后,救灾人员在侦察过程中必须探查如下情况:遇险人员的数量及其所在地;淤泥溃决的突泥点、突泥数量和流动方向;井巷被淤堵的距离和程度;淤泥冲击使井巷冒落的地点和程度;是否有 CH_4、CO_2、CO、H_2S 涌出及其在巷中的蔓延情况,以及通风量和通风设施的状况等。

(7) 救灾人员侦察、抢救时,如果不可能经上部水平巷道趋近事故区时,可利用下部水平巷道,在防护墙的保护下,自垂直巷道和倾斜巷道放出淤泥。

(8) 在风量不足或不能确定巷道内有无瓦斯的情况下,救灾人员在井巷中进行时,必须佩戴氧气呼吸器。

(9) 在排除阻挡淤泥的堵塞物时,可在其中开一些小孔,供流放淤泥之用。如果堵塞物以内的淤泥带有压力,则应在防护墙的掩护下拆除堵塞物。

五、抢救溃决、淤堵事故遇险人员时的注意事项

（1）要向灾区的人，包括遇险被救的人了解灾情，认真询问灾区巷道布置、事故发生情况，并用呼喊或打击（如铜锣）声响和遇险人员取得联系，以判断遇险人员所在地点和人数。

（2）要加快清理淤泥的工作，尽快清通淤堵区，救出遇险人员。当清理淤泥的工作量大、难以确保遇险人员活着救出时，要开凿专用巷道到达遇险地点，救出遇险人员。

（3）当采用清理淤泥或开凿专用巷道都不能确保成功救出遇险人员时，可以利用打钻孔、使用压风管、通过冒落区强制送风等方法，向遇险人员输送清新空气、食物、饮料等。

（4）救灾人员要有耐寒的衣物和取暖的饮料供遇险人员使用。

（5）遇险人员救出后，禁止逆着淤泥方向搬运人员。只有当人员处于淤泥点附近，完全有可能绕过灾区进入安全地带时，才能例外。

第五节　冒顶事故的处理

一、处理冒顶事故的一般原则

（1）救灾人员应在处理冒顶事故前，了解事故发生的原因、地点、冒顶地区的顶板特性、冒顶区附近的安全状况等。

（2）通过侦察，救灾人员应掌握和判断以下情况：冒顶区的范围、进入冒顶区的通道、冒顶地点的通风情况和空气成分、有害气体和瓦斯的涌出情况、遇险人数和分布位置以及现场有无压缩空气、有无支护的木材和通信设备等。在了解和侦察事故情况的基础上，救护队要参加制定抢救方案的工作，积极进行抢救。

（3）抢救被冒顶封堵的人员时，首先应采用呼喊、敲击的方

法,或用地音接收机、无线电信号寻人仪等装置准确判断被堵人员的准确位置。随即在维护好顶板的条件下迅速清理堵塞物,或掘进小巷道,以接近遇险人员。如一时无法接近,应利用原来的压风管、水管、输送机或打钻孔等方式,向被堵地点输送新鲜空气、饮料和食物,但不要用强烈光线照射。

(4)在清理冒落物时,必须小心使用工具,试探时要用木棍,以免伤害遇险人员。如有大块矸石压住或威胁人员时,可使用卧式起重器、千斤顶等工具移动矸石,将遇险者迅速救出。

(5)在处理冒顶事故时,要注意冒顶地区的顶板变化、瓦斯变化,时刻注意抢救人员的自身安全。若通风系统遭受破坏和巷道充满瓦斯时,应清除堵塞物或采用其他措施,对事故区进行通风。是否需要切断冒顶区的电源,应视瓦斯情况而定。

(6)抢救出的遇险人员,应迅速抬到安全地点,由医务人员进行包扎后,尽快抬出矿井送往医院。搬运伤员时,要轻抬轻放,保持平衡,避免震动和摇晃,还应注意受伤人员的伤情变化。

二、处理冒顶事故的一般措施

1. 冒顶地区的通风措施

发生冒顶事故后,风流被切断,当冒顶地区有瓦斯积聚的可能时,救护队应根据事故现场的具体情况,迅速采取通风措施,其具体办法是:

(1)组织清除冒落区堵塞物,使被切断的风流恢复原来的状况。

(2)清除堵塞物工程大时,可利用原安装在事故区的水管或风管向冒顶地点送风或打钻送风。

(3)安装局部通风机向冒顶地点送风,应注意防止局部通风机发生循环风。

2. 向冒顶隔离人员输送空气的措施

人员被冒顶隔堵后,如果采用清理堵塞物、掘进小巷道等方法在短时间内难以接近时,救护队应利用原来的压风管、水管、输送机或打钻孔等方法,向被堵人员输送空气。

利用埋在冒落岩石下面的刮板输送机,往冒落带里输送空气,是一种简便易行的方法。即在冒落区的外部加强支护,维护好顶板,将输送机的溜槽、牵引链在冒落带附件拆掉,在未拆掉的最后一节溜槽的末端装上堵头。把胶皮风筒从局部通风机引到这节溜槽,就可以利用被埋压的刮板输送机下部溜槽的间隙,往冒落区压送空气。当冒顶距离长、冒落严实时,压入的风流难以回风,在这种情况下,就应采用其他方法向被堵人员输送空气。

三、处理冒落物的措施

救护队在处理冒顶事故时,需要进行移动破碎冒落的矿石,切断金属、木柱、岩石,运输冒落物等工作。

(1)岩石可使用大小不同规格的液压千斤顶和卧式液压起重机。

(2)破碎大块冒落岩石可在岩石上打一个直径为 $40\sim50$ mm 的钻孔,再把柱状专用岩石破碎机送入孔内,加液压后破碎器上的侧面一排小活塞柱产生移位,可以把大块岩石胀裂开。

(3)切断冒落物中的金属、岩石、木材时,可用气动、电动两用的金属锯、岩石锯和木锯。在瓦斯浓度不超限的情况下,救护队还可以使用轻便型(15 kg 左右)背、提两用氧气切割机快速切割金属。

(4)处理冒顶时,为快速抢运冒落物,可利用原铺设的刮板输送机。

四、在冒落带寻找抢救遇险人员的特殊施工方法

1. 组合式金属圆筒全面支架法

组合式金属圆筒全面支架(又称盾套管式支架)每段盾套管有三片联合组成,并可与前后段盾套管连接,其特点是最大内高

1.422 m,抗冲击力 98 kN/m²,单段长度 0.8 m,单段重 58 kg。

使用金属圆筒全面支架时,救灾人员可在圆筒支架保护中,一边清理冒落物,一边继续往前组合支架,在冒落区中不断向前延伸,以寻找抢救遇险人员。当冒落范围仍继续冒落岩石时,可先超前架设插入式支架或打撞楔,再组合支架。这种支架易于运输和装配,而且多段结合,适应不同长度的救护巷道。

2. 钻孔法

井下发生冒顶事故将人员隔堵后,如果条件具备,应采用钻孔救护的方法。救护钻孔分为地面钻孔和地下钻孔,有垂直孔和倾斜孔,救护钻孔的精度比一般工业钻孔的要求更严格。钻打入采煤工作面或巷道时,冲洗机可能对被困人员造成危害。因此,必须准确测定到达遇险人员被隔堵的位置,在钻孔最后 5~15 m 时提前采用冲洗机。

根据钻孔用途不同可分为侦察钻孔、供养钻孔和撤退钻孔。侦察钻孔,巷道直径可以较小,用以侦察遇险人员的位置。供养钻孔,钻孔采用较大直径,可用来向被堵人员输送食物、衣物和空气等。撤退钻孔是大直径的钻孔,其直径应不妨碍人员撤退为佳,一般为 450~610 mm。钻孔钻通被堵塞地区后,被困人员可乘坐特制的保护装置——救护座舱,从救护钻孔中撤出。

3. 锚喷法

使用锚杆喷浆的方法处理冒顶,特别适用于冒顶范围较大,具备锚喷防护条件的岩巷,在煤和半煤岩巷道中有时可采用。采用锚喷法时,首先处理冒顶区域内顶板及两边活矸浮石。然后处理人员站在安全地点接近冒顶带的边缘处,向冒顶区域的顶部喷射一层 30~50 mm 厚的混凝土封固顶板,再喷射封固两边。当新喷层凝固后再打锚杆,并及时接网和复喷一次,复喷厚度不宜超过 200 mm。冒顶处理完后,视顶板稳定情况,按要求应横切或架设金属支架,或者不再进行二次支护。

思考题：

1. 试述编制矿井灾害预防与处理计划的目的及意义。

2. 试述处理爆炸事故的安全注意事项。

3. 试述矿井火灾处理的一般措施。

4. 试述处理矿井透水事故的一般原则。

5. 试述在进行排水和恢复工作时的安全措施。

6. 试述在冒落带寻找抢救遇险人员的特殊施工方法。

第十章　煤矿井下安全避险
"六大系统"安全检查

煤矿井下安全避险"六大系统"(以下简称"六大系统")是指监测监控系统、人员定位系统、紧急避险系统、压风自救系统、供水施救系统和通信联络系统。所有井工煤矿必须按规定建设完善"六大系统",达到"系统可靠、设施完善、管理到位、运转有效"的要求。

一、监测监控系统安全检查

(1)煤矿企业必须按照《煤矿安全监控系统及检测仪器使用管理规范》(AQ 1029—2007)的要求,建设完善监测监控系统,实现对煤矿井下甲烷和一氧化碳的浓度、温度、风速等的动态监控。

(2)煤矿安装的监测监控系统必须符合《煤矿安全监控系统通用技术要求》(AQ 6201—2006)的规定,并取得煤矿矿用产品安全标志。监测监控系统各配套设备应与安全标志证书中所列产品一致。

(3)甲烷、馈电、设备开停、风压、风速、一氧化碳、烟雾、温度、风门、风筒等传感器的安装数量、地点和位置必须符合《煤矿安全监控系统及检测仪器使用管理规范》(AQ 1029—2007)要求。监测监控系统地面中心站要装备 2 套主机,1 套使用、1 套备用,确保系统 24 h 不间断运行。

(4)煤矿企业应按规定对传感器定期调校,保证监测数据准确可靠。

（5）监测监控系统在瓦斯超限后应能迅速自动切断被控设备的电源，并保持闭锁状态。

（6）监测监控系统地面中心站执行 24 h 值班制度，值班人员应在矿井调度室或地面中心站，以确保及时做好应急处置工作。

（7）监测监控系统应能对紧急避险设施内外的甲烷和一氧化碳浓度等环境参数进行实时监测。

二、人员定位系统安全检查

（1）煤矿企业必须按照《煤矿井下作业人员管理系统使用与管理规范》（AQ 1048—2007）的要求，建设完善井下人员定位系统。应优先选择技术先进、性能稳定、定位精度高的产品，并做好系统维护和升级改造工作，保障系统安全可靠运行。

（2）安装井下人员定位系统时，应按规定设置井下分站和基站，确保准确掌握井下人员动态分布情况和采掘工作面人员数量。矿井人员定位系统必须满足《煤矿井下作业人员管理系统通用技术条件》（AQ 6210—2007）的要求，并取得煤矿矿用产品安全标志。定位分站、基站等相关设备应符合相应的标准。

（3）所有入井人员必须携带识别卡（或具备定位功能的无线通信设备）。

（4）矿井各个人员出入井口、重点区域出入口、限制区域等地点均应设置分站，并能满足监测携卡人员出入井、出入重点区域、出入限制区域的要求；巷道分支处应设置分站，并能满足监测携卡人员出入方向的要求。

（5）煤矿紧急避险设施入口和出口应分别设置人员定位系统分站，对出、入紧急避险设施的人员进行实时监测。

（6）矿井调度室应设人员定位系统地面中心站，配备显示设备，执行 24 h 值班制度。

三、紧急避险系统安全检查

（1）煤矿企业必须按照《煤矿井下紧急避险系统建设管理暂

行规定》[安监总煤装〔2011〕15号]建设完善紧急避险系统。

（2）紧急避险系统应与监测监控、人员定位、压风自救、供水施救、通信联络等系统相互连接，在紧急避险系统安全防护功能基础上，依靠其他避险系统的支持，提升紧急避险系统的安全防护能力。

（3）紧急避险设施应具备安全防护、氧气供给保障、有害气体去除、环境监测、通信、照明、动力供应、人员生存保障等基本功能，在无任何外界支持的条件下额定防护时间不低于96 h。

（4）紧急避险设施的容量应满足服务区域所有人员紧急避险需要，包括生产人员、管理人员及可能出现的其他临时人员，并按规定留有一定的备用系数。

（5）紧急避险设施的设置要与矿井避灾路线相结合，紧急避险设施应有清晰、醒目的标识。

（6）紧急避险系统应随井下采掘系统的变化及时调整和补充完善，包括紧急避险设施、配套系统、避灾路线和应急预案等。

（7）紧急避险设施的配套设备应符合相关标准的规定，纳入安全标志管理的应取得煤矿矿用产品安全标志。可移动式救生舱应符合相关规定，并取得煤矿矿用产品安全标志。

四、压风自救系统安全检查

（1）煤矿企业在按照《煤矿安全规程》要求建立压风系统的基础上，必须满足在灾变期间能够向所有采掘作业地点提供压风供气的要求，进一步建设完善压风自救系统。

（2）空气压缩机应设置在地面。对深部多水平开采的矿井，空气压缩机安装在地面难以保证对井下作业点有效供风时，可在其供风水平以上2个水平的进风井井底车场安全可靠的位置安装，并取得煤矿矿用产品安全标志，但不得选用滑片式空气压缩机。

（3）压风自救系统的管路规格应按矿井需风量、供风距离、阻力损失等参数计算确定,但主管路直径不小于 100 mm,采掘工作面管路直径不小于 50 mm。

(4) 所有矿井采区避灾路线上均应敷设压风管路,并设置供气阀门,间隔不大于 200 m。有条件的矿井可设置压风自救装置。水文地质条件复杂和极复杂的矿井应在各水平、采区和上山巷道最高处敷设压风管路,并设置供气阀门。

(5) 煤与瓦斯突出矿井应在距采掘工作面 25~40 m 的巷道内、爆破地点、撤离人员与警戒人员所在的位置以及回风巷有人作业处等地点至少设置一组压风自救装置;在长距离的掘进巷道中,应根据实际情况增加压风自救装置的设置组数。每组压风自救装置应可供 5~8 人使用。其他矿井掘进工作面应敷压风管路,并设置供气阀门。

(6) 主送气管路应装集水放水器。在供气管路与自救装置连接处,要加装开关和气水分离器。压风自救系统阀门应安装齐全,阀门扳手要在同一方向,以保证系统正常使用。

(7) 压风自救装置应符合《矿井压风自救装置技术条件》(MT 390—1995)的要求,并取得煤矿矿用产品安全标志。

(8) 压风自救装置应具有减压、节流、消噪声、过滤和开关等功能,零部件的连接应牢固、可靠,不得存在无风、漏风或自救袋破损长度超过 5 mm 的现象。

(9) 压风自救装置的操作应简单、快捷、可靠。避灾人员在使用压风自救装置时,应感到舒适、无刺痛和压迫感。压风自救系统适用的压风管道供气压力为 0.3~0.7 MPa;在 0.3 MPa 压力时,压风自救装置的供气量应在 100~150 L/min 范围内。压风自救装置工作时的噪声应小于 85 dB。

(10) 压风自救装置安装在采掘工作面巷道内的压缩空气管道上,设置在宽敞、支护良好、水沟盖板齐全、没有杂物堆积的人行道侧,人行道宽度应保持在 0.5 m 以上,管路敷设高度应便于现场人员自救应用。

（11）压风管路应接入避难硐室和救生舱，并设置供气阀门，接入的矿井压风管路应设减压、消音、过滤装置和控制阀，压风出口压力在 $0.1\sim0.3$ MPa 之间，供风量不低于 0.3 m³/(min·人)，连续噪声不大于 70 dB。

（12）井下压风管路应敷设牢固平直，采取保护措施，防止灾变破坏。进入避难硐室和救生舱前 20 m 的管路应采取保护措施（如在底板埋管或采用高压软管等）。

五、供水施救系统安全检查

（1）煤矿企业必须结合自身安全避险的需求，建设完善供水施救系统。

（2）供水水源应引自消防水池或专用水池。有井下水源的，井下水源应与地面供水管网形成系统。地面水池应采取防冻和防护措施。

（3）所有矿井采区避灾路线上应敷设供水管路，压风自救装置处和供压气阀门附近应安装供水阀门。

（4）矿井供水管路应接入紧急避险设施，并设置供水阀，水量和水压应满足额定数量人员避险时的需要，接入避难硐室和救生舱前的 20 m 供水管路要采取保护措施。

（5）供水施救系统应能在紧急情况下为避险人员供水、输送营养液提供条件。

六、通信联络系统安全检查

（1）煤矿必须按照安全避险的要求，进一步建设完善通信联络系统。

（2）煤矿应安装有线调度电话系统。井下电话机应使用本质安全型。宜安装应急广播系统和无线通信系统，安装的无线通信系统应与调度电话互联互通。

（3）在矿井主副井绞车房、井底车场、运输调度室、采区变电所、水泵房等主要机电设备硐室以及采掘工作面和采区、水平最高点,应安设电话。紧急避险设施内、井下主要水泵房、井下中央变电所和突出煤层采掘工作面、爆破时撤离人员集中地点等地方,必须设有直通矿井调度室的电话。

（4）距掘进工作面 30～50 m 范围内,应安设电话;距采煤工作面两端 10～20 m 范围内,应分别安设电话;采掘工作面的巷道长度大于 1000 m 时,在巷道中部应安设电话。

（5）机房及入井通信电缆的入井口处应具有防雷接地装置及设施。

（6）井下基站、基站电源、电话、广播音箱应设置在便于观察、调试、检验和围岩稳定、支护良好、无淋水、无杂物的地点。

（7）煤矿井下通信联络系统的配套设备应符合相关标准规定,纳入安全标志管理的应取得煤矿矿用产品安全标志。

七、"六大系统"管理维护的安全检查

（1）煤矿应建立健全"六大系统"管理机构,配备管理人员、专业技术人员、值班人员和维护人员等。

（2）煤矿应建立健全"六大系统"管理制度,明确责任。"六大系统"管理机构实行 24 h 值班制度,当系统发出报警、断电、馈电异常、系统故障等信息时,及时上报并处理。

（3）煤矿应加强"六大系统"的日常管理,整理完善各系统图纸等基础资料。

（4）煤矿应随井下生产系统的变化,及时调整和补充完善"六大系统"。

（5）煤矿应建立应急演练制度,科学确定避灾路线,编制应急预案,每年开展一次"六大系统"联合应急演练。

（6）"六大系统"电气设备入井前,应检查其"产品合格证"、"煤矿矿用产品安全标志"和防爆、各项保护功能等安全性能。

（7）煤矿应加强系统设备日常维护，定期对各系统完好情况进行检查，定期进行调试、校正，及时升级、拓展系统功能和监控范围，确保设备性能完好，系统灵敏可靠。

（8）煤矿每季度至少应测试一次备用电源的放电容量或备用工作时间。备用电源不能保证设备连续工作时间达到标准时间的80％时，应及时更换。

（9）"六大系统"维护人员应定时检查、测试在用设施设备及附件的完好状态，发现问题及时处理，并将检查、测试、处理结果报矿井调度中心站。

（10）"六大系统"中任何子系统发生故障时均应立即维护，在恢复正常运行前必须制定安全技术措施，确保其服务范围内的作业人员安全。

第十一章 煤矿安全监察与事故调查

第一节 煤矿安全监察体系

国家对煤矿安全实行监察制度。我国《安全生产法》、《煤矿安全监察条例》等法律法规规定,煤矿安全监察机构行使国家煤矿安全监察职能。自 1999 年国务院决定煤矿安全监察体制实行垂直管理以来,煤矿安全监察机构经多次改革和完善,逐步形成由国家、省级及其区域三级煤矿安全监察机构组成的煤矿安全监察体系。

一、煤矿安全监察体系的机构设置与职责

1. 国家煤矿安全监察局的职责与机构设置

2005 年 2 月,根据《国务院关于国家安全生产监督管理局(国家煤矿安全监察局)机构调整的通知》[国发〔2005〕4 号],单设国家煤矿安全监察局(副部级)。国家煤矿安全监察局是国家安全生产监督管理总局管理的行使国家煤矿安全监察职能的行政机构。2006 年 7 月,《国务院办公厅关于加强煤炭行业管理有关问题的意见》[国办发〔2006〕49 号]决定,将国家发展与改革委与安全生产密切相关的行业管理职能划转到国家安全生产监督管理总局和国家煤矿安全监察局。

根据《国务院办公厅关于印发国家煤矿安全监察主要职责内设机构和人员编制规定的通知》[国办发〔2008〕101 号],国家煤矿安全监察局的主要职责有:

（1）拟定煤矿安全生产政策，参与起草有关煤矿安全生产的法律法规草案，拟定相关规章、规程、安全标准，按规定拟定煤炭行业规范和标准，提出煤矿安全生产规划。

（2）承担国家煤矿安全监察责任，检查指导地方政府煤矿安全监督管理工作。对地方政府贯彻落实煤矿安全生产法律法规、标准，煤矿整顿关闭，煤矿安全监督监察执法，煤矿安全生产专项整治、事故隐患整改及复查，煤矿事故责任人的责任追究落实等情况进行监督检查，并向地方政府及其有关部门提出意见和建议。

（3）承担煤矿安全生产准入监督管理责任，依法组织实施煤矿安全生产准入制度，指导和管理煤矿有关资格证的考核颁发工作并监督检查，指导和监督相关安全培训工作。

（4）承担煤矿作业场所职业卫生监督检查责任，负责职业卫生安全许可证的颁发管理工作，监督检查煤矿作业场所职业卫生情况，组织查处煤矿职业危害事故和违法违规行为。

（5）负责对煤矿企业安全生产实施重点监察。专项监察和定期监察，依法监察煤矿企业贯彻执行安全生产法律法规情况及其安全生产条件、设备设施安全情况，对煤矿违法违规行为依法做出现场处理或实施行政处罚。

（6）负责发布全国煤矿安全生产信息，统计分析全国煤矿生产安全事故与职业危害情况，组织或参与煤矿生产安全事故调查处理，监督事故查处的落实情况。

（7）负责煤炭重大建设项目安全核准工作，组织煤矿建设工程安全设施的设计审查和竣工验收，查处不符合安全生产标准的煤矿企业。

（8）负责组织指导和协调煤矿事故应急救援工作。

（9）指导煤矿安全生产科研工作，组织对煤矿使用的设备、材料、仪器仪表的安全监察工作。

（10）指导煤炭企业安全基础管理工作，会同有关部门指导和监察煤矿生产能力核定和煤矿整顿关闭工作，对煤矿安全技术改造和瓦斯综合治理与利用项目提出审核意见。

根据上述职责，国家煤矿安全监察局设5个内设机构（副司局级）：办公室、安全检查司、事故调查司、科技装备司、行业安全基础管理指导司。

（11）承担国务院及国家安全监督管理总局交办的其他事项。

2. 省级煤矿安全监察局的职责与机构设置

省（区、市）级煤矿安全监察局为国家煤矿安全监察局的直属机构，实行国家安全生产监督管理总局与所在省（区、市）政府双重领导，以国家安全生产监督管理总局为主、国家煤矿安全监察局负责业务管理的管理体制。

省（区、市）级煤矿安全监察局的主要职责是国家安全生产监督管理总局（国家煤矿安全监察局）和所在省（区、市）的领导下，负责本省（自治区、直辖市）区域内煤矿的安全监察和执法工作。省（自治区、直辖市）级煤矿安全监察局内设机构一般为：办公室（财务办公室）、政策法规处、科技装备处、安全监察处、事故调查处（行政复议处）、执法监督处、人才培训处等。

3. 区域煤矿安全监察分局的职责与机构设置

省（区、市）级煤矿安全监察局可在大中型矿区设立安全监察分局，作为其派出机构。2004年，国家完善安全监察体系，调整煤矿安全监察机构布局，将煤矿安全监察办事处更名为煤矿安全监察分局。

煤矿安全监察分局主要职责是在省（区、市）级煤矿安全监察局的领导下，负责划定区域内煤矿的安全监察和执法工作。

煤矿安全监察分局内设机构一般为综合科（室）、监察科（室）等。

二、煤矿安全监察的内容

煤矿安全监察属于行政执法活动,对煤矿实施监察可划分为两部分:一部分是对煤矿建设工程实施安全监察,另一部分是对煤矿的生产活动实施安全监察。其中对煤矿生产活动的监察是重中之重。

(1) 对煤矿建设工程设计及竣工的监察。按分级负责原则,设计生产能力在 120 万 t/a 以上(含 120 万 t/a)的,由国家煤矿安全监察机构负责;设计生产能力在 30 万 t/a 以上、120 万 t/a 以下的,由省煤矿安全监察机构负责;设计生产能力在 30 万 t/a 以下(含 30 万 t/a)的,由煤矿所在地煤矿安全监察分局负责。煤矿建设工程的安全设施必须和主体工程同时设计、同时施工、同时投入生产和使用。

煤矿安全监察机构接到煤矿建设工程安全设计审查和竣工验收申请后,应在 30 d 内审查、验收完毕,做出书面答复。

(2) 对煤矿安全管理方法的监督检查。主要包括:是否制定行之有效的事故预防及应急计划;是否制定发现和消除隐患的措施并加以落实;是否建立了安全生产责任制、设置了安全生产机构;是否依法提取和使用安全技术措施专项费用;是否向职工发放所需的劳动保障用品。

(3) 对煤矿职工安全培训情况进行监察。包括:矿长是否具备安全专业知识,取得矿长资格证书;特种作业人员是否取得操作资格证书。

(4) 对煤矿安全设施和条件进行监督检查。煤矿矿井通风、防火、防瓦斯、防毒、防尘等安全设施和条件是否符合有关标准;《煤矿安全规程》要求作业场所的瓦斯、粉尘或其他有毒有害气体的浓度是否超过国家安全标准或行业安全标准。

(5) 对煤矿使用的生产设备、器具进行安全检查。煤矿使用的设备、器材、仪器、仪表、防护用品是否符合国家安全标准或行业安全标准;是否使用人员专用升降容器;是否使用明火明电照明。

（6）对开拓、开采方面进行监察。煤矿是否擅自开采保安煤柱;是否采用危及相邻煤矿安全生产的危险办法;是否在独眼井开采。

三、我国煤矿安全监察体系的特点

我国现行煤矿安全监察体系的特点有如下三个方面:

1. 政企分工,精简高效

组建煤矿安全监察机构是国家政府机构改革,实行政企分工的总体需要,充分体现整顿机构改革精简、统一、效能的原则。在机构设置上,国家煤矿安全监察局与国家安全生产监督管理总局是一套机构、两块牌子,机关行政编制不变;省级机构由原煤管局直接改组为煤矿安全监察局,编制统一纳入中央管理。这样既不增加编制,又不增加中央和省的财政负担,实现平稳过渡。

2. 监管分工,垂直管理

国家煤矿安全监察局与煤矿企业完全脱钩,具有对煤矿进行垂直独立的安全监督权力,有利于各级煤矿安全监察机构独立行使执法监督权。垂直管理强调层层监督、逐级负责。个人向组织负责,下级监察机构向上级监察机构负责,国家煤矿安全监察机构向中央政府负责。各级、各岗位职位范围清晰、权限任务明确,整个监察系统政令通畅,步调一致。

3. 独立监察,行政执法

煤矿安全监察局是国务院授权的特定行政执法机构,开展工作时,可以随时对所辖煤矿进行监察,不受任何单位、个人干预。在监察过程中发现问题,可以根据国家有关法律、法规行使行政执法权。

第二节　煤矿事故的调查处理

事故管理是指对事故进行预防、报告、调查、处理、结案、统计和分析等一系列工作的总称。事故管理是政策性、技术性、综合性很强的工作，综合运用了管理技术、专业技术和科学方法。平时要做好事故的预防工作，发生事故后做好事故的报告、调查、处理、统计和分析工作，以便采取有效的整改措施，达到完善系统和实现安全生产的目的。

一、煤矿事故的分类

1. 事故成因分类

按事故成因，煤矿事故可分为责任事故和非责任事故。

（1）责任事故，是指人们在生产、建设过程中不执行有关安全法规，违反规章制度而发生的事故。

（2）非责任事故，可分为三种：

① 自然事故，是指地震、海啸、暴风、洪水等不可抗拒的天灾。

② 技术事故，是指人们认识不足，技术条件尚不能达到要求而造成的煤矿事故。

③ 意外事故，是指突然发生、出乎意料，来不及处理而造成的煤矿事故。

2. 事故伤害对象分类

按事故伤害，煤矿事故可分为伤亡事故和非伤亡事故。

（1）伤亡事故，是指企业职工在生产劳动过程中，发生人身伤害、急性中毒等突然使人体组织受到损伤或某些器官失去正常机能，致使机体负伤中断工作，甚至终止生命的事故。

（2）非伤亡事故，是指由于各种原因造成生产中断、设备设施损坏，但没有人伤亡的事故。

3. 伤亡事故分类

(1) 按伤害程度分类。按伤害程度,伤亡事故分为轻伤、重伤、死亡三种。

(2) 按造成人员伤亡的人数或者直接经济损失分类。

① 特别重大事故,是指造成 30 人以上死亡,或者 100 人以上重伤,或者 1 亿元以上直接经济损失的事故。

② 重大事故,是指造成 10 人以上 30 人以下死亡,或者 50 人以上 100 人以下重伤,或者 5 000 万元以上、1 亿元以下直接经济损失的事故。

③ 较大事故,是指造成 3 人以上 10 人以下死亡,或者 10 人以上 50 人以下重伤,或者 1 000 万元以上 5 000 万元以下直接经济损失的事故。

④ 一般事故,是指造成 3 人以下死亡,或者 10 人以下重伤,或者 1 000 万元以下直接经济损失的事故。

(3) 按事故性质分类。按事故性质,伤亡事故一般分为以下 8 类:

① 顶板事故:是指矿井冒顶、片帮和冲击地压等事故。

② 瓦斯事故:是指瓦斯、煤尘燃烧、爆炸,煤与瓦斯突出,瓦斯窒息,有害气体中毒等事故。

③ 机电事故:是指触电、机械伤人事故。

④ 运输事故:是指运输工具造成的伤害事故。

⑤ 火药爆破事故:是指爆破崩人、炮烟熏人等事故。

⑥ 水害事故:是指老空透水、洪水灌井、井下渗地面水等事故。

⑦ 火灾事故:是指矿井内因火灾和外因火灾事故。

⑧ 其他事故,是指除上述 7 类事故以外的事故。

4. 非伤亡事故的分类

(1) 按事故原因分类

① 生产事故,包括采掘、机电、运输等在生产过程中出现的事故。

② 基建事故,包括井建、土建和安装过程中出现的事故。

③ 地质勘探事故,包括地质勘探过程中的各种孔内事故、机械事故等。

(2) 按灾害程度分类

① 有下列情况之一者,为一级非伤亡事故:

发生的事故使全矿停工 8 h 以上或采区停工 3 昼夜以上;瓦斯、煤尘爆炸事故;煤与瓦斯突出,其突出量在 50 t(含 50 t)以上;井下发火封闭采区影响安全生产;水灾使全矿或一翼停产。采区通风不良,风流中瓦斯超限或瓦斯积聚,造成停产;采煤工作面冒顶长 10 m(含 10 m)以上;掘进工作面共冒顶长 5 m(含 5 m)以上;巷道冒顶长 10 m(含 10 m)以上。

② 有下列情况之一者,为二级非伤亡事故:

发生的事故使全矿停工 2 h 以上,但不足 8 h 或采区停工 8 h 以上,但不足 3 昼夜;井下发火封闭采掘工作面;煤与瓦斯突出,其突出煤量 10 t(含 10 t)以上,但不足 50 t;水灾使采区停产;采掘工作面通风不良,风流中瓦斯超限或瓦斯积聚,造成停产;采煤工作面冒顶长超过 5 m(含 5 m);掘进工作面冒顶长超过 3 m(含 3 m);巷道冒顶长超过 5 m(含 5 m)。

③ 有下列情况之一者,为三级非伤亡事故:

发生事故使全矿停工 30 min 至 2 h 或采区停工 2～8 h;通风不良或局部通风机无计划停电,使风流中局部瓦斯积聚;煤与瓦斯突出,突出煤量 10 t 以下;范围不大的井下发火;水灾使一个采掘工作面停产;采煤工作面冒顶长度 5 m 以下;掘进工作面冒顶长度 3 m 以下;巷道冒顶长度 5 m 以下。

二、事故调查的基本原则

煤矿出现事故后要进行调查处理,在调查处理过程中要遵守相应的程序和规定,一般要经过事故报告、事故抢救、调查分析和结案处理四个阶段。

1. 煤矿伤亡事故的报告

伤亡事故发生后要立即报告,便于有关部门组织抢救、调查、处理。

凡发生轻伤事故,应立即将事故的发生单位、时间、地点、事故经过、伤害程度及部位、初步原因报告给企业负责人和业务主管部门。

凡发生重大以上伤亡事故,应立即将事故的基本情况上报省煤矿安全监察局,当地政府有关部门、省(自治区、直辖市)人民政府和国务院归口管理部门。

事故报告应掌握的基本原则,一是程序,就是哪类事故,哪个级别的事故汇报给哪个部门;二是内容,就是报告给有关部门事故发生的概要情况;三是时间,就是尽量采用最快的方法、在最短的时间内将事故报告给相应部门。

2. 煤矿伤亡事故的抢救

煤矿出现伤亡事故,应立即组织人员进行抢险救灾。实施抢救过程中,应遵循如下几个基本原则:

(1) 领导赶赴现场组织抢救的原则。事故单位的有关领导、主管部门的有关人员应立即到现场组织人员抢险救灾。

(2) 确定抢救方案的原则。根据不同类别的事故,确定不同的抢救方案和抢救方法。

(3) 先侦察后抢救的原则。重大伤亡事故发生后,应先派少量的救助人员到灾区侦察情况,然后再确定有效的抢救方法。

(4) 便于调查分析的原则。与事故有关的一些物品、痕迹应保持原样,必须要动时,要做好记录。

3. 煤矿事故的调查分析

煤矿出现事故,由有关部门组织成立事故调查组。其主要职责是：

（1）查明事故详细经过、人员伤亡及财产经济损失情况。

（2）提出事故处理及防止类似事故再次发生所采取的措施和建议。

（3）提出对事故责任者的处理意见。

（4）写出事故调查报告。

要求调查组的成员与发生的事故没有直接利害关系或具有事故调查所需的某一方面的专长。

煤矿事故的调查分析：

（1）查明事故发生的经过、原因、人员伤亡情况及直接经济损失。

（2）认定事故的性质和责任。

（3）提出对事故责任者的处理建议。

（4）总结事故教训，提出防范和整改措施。

（5）提交事故调查报告。

4. 煤矿事故的结案处理

煤矿事故的结案处理包括事故调查组提出的防范措施的落实和对事故责任者的处理。事故调查组在综合事故原因、教训的基础上，提出针对性、可行性较强的防范措施，要求事故单位从技术上到管理上明确责任、落到实处。对于责任性事故要对责任者进行分析，依法提出处理意见。

三、事故调查的方法与内容

煤矿发生事故后，事故调查组要按照事故的性质和后果，应用相关技术和方法，查明事故情况。

1. 成立专门的调查组

按煤矿事故调查处理权限划分原则成立相应的事故调查组。同时要委派一位组长。在到达事故现场之前，组长应主持调查组的碰头会，使调查组的每个成员都了解事故概况，准备必要的资料,明确调查职责。

2. 召开预查会

事故调查组到达事故单位后,所有与事故有关的团体,包括事故单位主要领导,应该召开一次会议,介绍事故概况和基本情况。事故调查组根据事故的具体情况,确定调查范围。

3. 事故调查组的分工

煤矿事故调查组一般分为三个小组:

(1)技术鉴定组。主要工作内容是进行现场勘察,找出事故的直接原因,给事故类别准确定性,写出技术鉴定报告。

(2)管理调查组。主要工作内容是查找技术人员、管理人员或其他人员违反有关规定、导致事故发生的间接原因。

(3)综合分析组。主要工作内容是全面了解煤矿自然情况、经营情况、事故造成的直接经济损失、死亡人数、死亡人员名单、引发事故的各种原因等综合情况,写出事故调查报告。

4. 各组开展工作

(1)技术鉴定组的工作主要有两方面:一是深入事故现场进行实地勘察;二是查阅有关资料和图纸等。

询问的有关人员主要有当事人员、在场人员和其他与事故有关的人员。用笔录或录音方式收集证词。调查询问的主要内容包括被询问人的姓名、职业、职务、工作经验等基本情况;事故前的生产情况、人员活动情况、设备缺陷及异常反映;事故前的工艺条件、操作情况、措施规定、管理制度及各种参数;从事故现场图中标示事故现场人员的位置;事故现场人员对事故的发现、判断和处理、抢救情况;有关人员的思想情绪波动、自然环境条件等情况。

根据现场实地勘察、查阅资料、询问知情人获取大量信息,技术组全体成员要认真讨论、计算、分析、推断,最后认定事故类别,写成技术鉴定报告。

（2）管理调查组主要调查内容有：事故单位历史；事故单位的采矿许可证、生产许可证、矿长资格证及工商营业执照是否齐全；火药使用证、供电合同等证件是否合法、过期，续延手续、年度检验等是否符合规定；各生产系统是否合理；各种规章制度是否齐全，贯彻落实是否到位；是否按规定进行安全投入，必要的安全设施和个人安全保护是否具备；是否对职工进行安全技术培训，特殊工种是否持证上岗。

（3）综合分析组将获得各种信息综合分析，写成事故调查报告，一般包括如下内容：该事故发生的时间、企业名称、地点、事故类别、事故性质、伤亡情况、经济损失；该矿事故前的生产、开拓、通风以及事故前的生产安排等情况；事故简要经过；事故后的抢救过程；事故的直接原因和间接原因；事故的责任者及对责任者的处理意见；事故教训及防范措施；事故调查组全体人员签字名单；事故调查报告的附件，包括事故技术鉴定的报告、死亡人员明细、事故现场图、其他相关资料。

5. 讨论通过事故调查报告

各调查小组工作结束后，由事故调查组组长主持调查组全体成员召开会议，研究、讨论事故调查报告。全体成员要充分发表意见，集思广益、民主商讨，本着公开、公平、公正的原则通过事故调查报告。

6. 通报事故调查结果

可根据实际情况，召开一定规模的事故通报会议，通报事故发生经过、引发事故的各种原因、责任者处理意见及今后防范措施等。

事故调查工作结束后，应按有关规定履行行政手续，报上级有关部门。

四、事故的现场勘察

事故的现场勘察是技术鉴定组最重要的工作内容之一。事故现场勘察的主要目的如下：

（1）收集痕迹、物证和有关资料，通过研究分析，判断事故发生的主要情节。

（2）通过综合技术分析，找准事故发生的主观、客观原因与直接、间接原因。

（3）为研究发生这类事故的原因和规律提供可靠的依据。

（4）分析事故责任者。

现场勘察必须按一定顺序进行，即先在事故现场外围进行查询、观察，然后再进入现场，对物体的原位置进行勘察。

若发现现场有人为破坏的迹象，必须查清何人、何故、何时进行的。

现场勘察每进行一步，都必须做好详细记录或拍下照片，在条件许可情况下进行摄像，并要求有关部门绘制事故现场图。

事故现场勘察的主要工作内容包括：

（1）查明事故现场设备、设施或其他物品的存在状态。

（2）查明事故现场受伤遇难人员的准确位置。

（3）查明事故现场支护的破坏情况。

（4）测量现场各物体之间的距离，与事故相关部分的距离应精确。

（5）如果现场变动后未标记，应征求当事人和有关证明人的意见，确认原来现场位置，补绘现场图。

（6）收集、标记和保存事故物证和相关资料。每件物证应分别保存并标注取证者姓名、取证日期和地点。

（7）绘制现场图。

五、事故的责任追究与处理

（一）事故的责任追究

1. 事故责任的分类

事故责任分类是根据事故发生过程中的作用确定责任的类

别。通常情况下有如下几类：

（1）直接责任，指行为人的行为与事故之间有直接因果关系，对事故发生起决定性作用。

（2）间接责任，指与事故之间有间接联系，是造成事故的条件，起重要作用但不起决定性作用。

（3）直接领导责任，指领导错误而直接导致事故发生。

（4）主要领导责任，指领导过于疏忽而导致事故发生。

（5）领导责任，对安全管理不严致使下属单位出现事故。

2. 事故责任的划分

事故责任划分是政策性很强的工作，应依据有关规定，同时应结合煤矿事故的实际情况。一般应掌握以下原则：

（1）要划分责任事故和非责任事故。属于责任事故，必须找出直接责任者。

（2）遇有多因一果的直接责任者，要分清主要直接责任者和次要直接责任者。

（3）要区分具体实施人员的直接责任与领导人的直接责任；如受命于领导实施的行为或提出修正意见未被领导采纳而造成的事故由领导负直接责任。如具体实施人员提出违规做法、主张，领导轻信同意实施，或具体实施人员明知领导实施的行为错误却不反映，仍继续实施造成事故的，则实施人员和领导人都负直接责任。

（4）要分清职责范围与直接责任的关系。如果行为人不是法定职责和特定义务范围内的作为或不作为而造成事故的，不负直接责任。如果分工不清，职责不明，就以实际工作范围和群众公认的职责范围作为认定责任的依据。

（5）如果事故是由集体研究做出错误决定的行为造成的，应追究主持研究、拍板定案的主要领导的直接责任。

（二）事故责任者的处理

1. 对事故责任者的处理方式

根据事故责任者、事故类别及严重程度差异，对责任者处理方式也不相同。对企业事业单位及行政机关有关责任者的处理主要有行政处分、行政处罚、追究刑事责任；对个体矿责任人的处理主要有行政处罚、追究刑事责任；对于是党员的责任人根据实际情况还要给予党纪处分。

2. 对事故责任者的处理要有确凿的证据

煤矿安全监察机关在对责任者处理前，必须收集有关证据，形成证据材料。询问时要有笔录；现场勘察、检查后填写事故隐患登记表；对不符合安全标准的设备、设施要进行录像、拍照；安全监察指令要以书面形式交责任人签收后保留；收集煤矿有关原始资料要登记、立案。这些都可作为证据使用。

3. 对事故责任者的处理要有明确的法律依据

对责任者处理，特别是对责任者实施行政处罚时，必须有法律依据，否则处罚无效。

相关的国家法律主要有《中华人民共和国刑法》、《矿山安全法》、《煤矿安全监察条例》、《乡镇煤矿管理条例》等。

相关的煤炭行业规程、规范、标准，主要有《煤矿安全规程》、《乡镇煤矿管理条例实施办法》等。

4. 对事故责任者的处理要按一定的法定程序

对责任者当场处罚时要出示证件，说明处罚依据、填写处罚通知书，有做出处罚与被处罚的双方当事人签字。

对责任者不能当场处罚时，应按立案、调查、审查、决定等一般程序进行。在做出处罚决定前，应告知当事人做出处罚的事实、理由及依据，听取当事人的陈述、申辩，同时告知当事人有要求举行听证、复议、诉讼的权利。

5. 对事故责任者的处理应掌握的原则

事故责任处理不能模棱两可，要明确、肯定，要说明错误事实。追究领导责任要有震动性,有一定影响,不能处理一大串、责任均摊、无关痛痒。不能单纯看死亡人数多少而决定负责任大小;死亡人数少时,也应追究刑事责任。对责任者处罚要慎用自由裁量权,做到公平、公正执法。

六、事故的统计分析

(一)事故的统计和分类

煤炭企业伤亡事故按国有重点煤矿、国有地方煤矿、乡镇煤矿分别列项统计。

煤炭企业伤亡事故按企业不同的生产阶段及有关内容可分为以下几类:

(1)煤炭生产事故。

(2)基本建设事故。

(3)地质勘探事故。

(4)机械制造事故。

(5)火工事故。

(二)事故的分析

(1)按事故的类型分析。

(2)按事故的发生地点分析。

(3)按伤亡人员的受教育程度分析。

(4)按伤亡人员的工种分析。

(5)按事故发生的原因分析。

(6)按伤亡人员的工龄分析。

(7)按伤亡人员的年龄分析。

(8)按发生事故的时间分析。

(9)按所有制的形式分析。

参 考 文 献

［1］黄春明.煤矿安全检查作业［M］.北京:团结出版社,2013.

［2］李玉南.瓦斯检查工［M］.北京:中国劳动社会保障出版社,2007.

［3］宁延全.瓦斯检查员［M］.北京:煤炭工业出版社,2008.

［4］许作才,李春宏,张振东.安全检查工［M］.北京:煤炭工业出版社,2005.

［5］张广亮.煤矿安全检查工［M］.徐州:中国矿业大学出版社,2012.